U0162978

血液透析中心室内设计

INTERIOR DESIGN OF HEMODIALYSIS CENTER

陈 亮◎著

中国建筑工业出版社

序 1

Preface1

室内设计是建筑设计的延伸和深化，同时也是最贴近人民群众生活的行业，始终肩负着提升人民生活品质、创造美好生活环境的使命和责任。随着社会经济的快速发展和人民生活水平的不断提升，人们对健康和医疗保健日益重视，医疗室内设计行业的发展也变得越来越重要，同时也对医疗室内设计人员提出了更高的要求，不仅要具备专业的设计能力和丰富的实践经验，还要不断提高专业化程度和创新设计能力。陈亮深耕室内设计二十余年，是室内设计行业中优秀青年设计师的代表，长期致力于室内设计项目工程与科技创新第一线，承担了一系列国家与行业科研课题，主持设计了几百项不同空间类型的室内设计项目，成果丰硕。在医疗室内设计专业领域，陈亮聚焦于民生福祉，在思考室内设计所肩负的使命与意义的同时，探求系统性的理论、方法和技术创新。

陈亮在此书中选择了医院中易被忽视的血液透析中心作为研究对象，让专业设计师和大众了解认识血液透析中心的空间功能，并生动具体地将血液透析治疗的流程展现在读者面前。该书是作者实践经验和思考的系统化、理论化的总结，通过分析研究及调查现代综合医院血液透析中心的空间设计，从功能、流程、材料、灯光、软装、家具等多角度、多维度来考虑，形成全面、系统、适用的研究成果，深入浅出，以小见大，突出医院室内设计中的人性化、舒适化的设计要点，将医疗室内空间的功能性、复杂性体现出来。该书得到了黄锡璆大师的全过程指导，这也奠定了该书的专业性和权威性，同时也是医疗室内设计专业领域一次开创性的探索和研究。陈亮能够在繁忙的设计实践工作中静下心来去作深入、系统的研究总结，实属难能可贵。期待能有更多设计师基于不同空间领域的探索和实践进行研究总结，将多年来的设计实践转化为理论著作，共同推动设计行业不断创新发展。

中国建筑学会理事长　修龙

序 2
Preface2

陈亮是中国中元国际工程有限公司的教授级工程师，来公司已经有 20 多年，他在工作中踏实肯干、善于思考且富有创新精神，与公司医疗设计团队携手并肩奋斗，全力配合，参与了多项重大的医疗建设项目的室内设计工作，取得了一系列的优异成绩。

室内设计是建筑设计中的重要组成部分。在医疗建筑空间中，室内设计通过营造更加舒适、人性化的室内空间，为患者提供更具疗愈功能的治疗环境，同时为医护工作者创造舒适的工作环境，为新时代医疗设施高质量发展增添光彩。

我工作中曾多次与陈亮一起讨论医疗项目的设计，一起出国考察国际医疗建设项目，见证了他不断的成长与进步。他带领的建筑环境艺术设计研究院团队不断发展、壮大，已成长为近百人的专业设计院。除完成项目设计外，陈亮还开展相关学术研究，这本著作便是例证。目前该团队已成为室内设计领域的重要力量，不断推动国内医疗空间室内设计的发展。我衷心地希望包括陈亮等一批设计师能够在医疗空间设计道路上踏实前行，越走越远，越走越宽广，为推动医疗空间室内设计行业的发展作出更大的贡献。

全国工程勘察设计大师

中国中元顾问首席总建筑师　黄锡璆

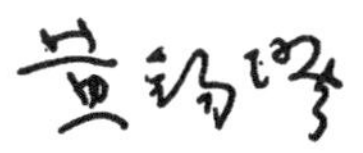

前言
Foreword

本书通过对现代综合医院血液透析中心的空间设计进行分析研究及调查，形成全面、系统、适用的研究成果。从血液透析中心的功能、流程和各功能区的空间布局，设计材料的选择，健康环保等多角度来阐述，从灯光、软装、家具设计等多维度来考虑，强调尊重和保护每位病人的隐私，让病人在血液透析中心享受安心、舒适、温馨的治疗环境，给病患带来最优质的心理疗愈环境，以缓解他们身体和心理上的病痛，同时给医护工作人员带来更好的工作环境。

书中的基础性数据是笔者根据多年的医疗实践项目的积累，通过对相关的医护工作者、病患及病患家属的亲身感受和体验的调研而得出来的。随着医疗中心治疗技术的提升以及医疗建设的发展，本书所述设计内容是在血液透析中心的设计要求和方式的基础上，与时俱进，并进一步深入细化研究，不断探索而来。书中采用了文艺复兴时期古典绘画的形象，描摹了相关的治疗原理图，希望让原本感官难以接受的治疗过程带有一丝艺术的温情。

感谢中国中元国际工程有限公司对个人工作成长的培养，感谢全国工程勘察设计大师、中国中元顾问首席总建筑师黄锡璆博士对书稿进行的多次批注和修改。本书的出版还得到了航天中心医院（北京大学航天临床医学院）肾内科肖跃飞主任的鼎力支持，感谢肖主任对本书的审核与支持。感谢首都医科大学附属北京安贞医院肾内科血透室高秋霞护士长对本书的技术指导。感谢广东东鹏控股股份有限公司（简称东鹏）助力医疗建设材料的创新发展，感谢东鹏董事长何新明、总裁何颖对本书的支持。感谢中国中元国际工程有限公司同事刘雪焕、祝兆云、朱琳、

宋秋菊、王艳洁、俞劼、郭佳、冯霈森、田浩、冀丽寅、王伟然、王娴、代亚明、赵荫轩、李南对本书编写工作的支持，以及杨茜、钟七妹、刘伟震等人对本书排版与文案工作的帮助。

本书的编写是基于对医疗建筑室内设计中存在问题的思考，希望能为医疗建筑室内设计行业领域贡献一份力量，希望此书对未来室内设计从业人员以及医院基建管理者的工作有所参考和帮助。本书仍有不足之处，敬请广大专业人员、同行和读者能够批评指正并提供建议。

于去往佛山高铁上

2023 年 8 月 15 日

Contents
目录

1

概述与发展

2

使用者分析与数据调研

3

血液透析中心建设要求

4

血液透析中心建筑功能分区及动线关系

Chapter 1

概述与发展

血液透析是治疗肾功能衰竭、尿毒症等疾病的主要手段，对于患者来说，是减轻病痛、延续生命、提高生存质量的有效治疗手段。而在整个医院设计过程中，由于血液透析中心功能复杂，专业性强，相关规范和优秀案例较少，很多做医疗专项的设计师对此也不甚了解，而且不太愿意面对特别痛苦的治疗过程和场景，因此血液透析中心的建筑室内设计常常被忽略，其空间品质不佳，甚至粗糙简陋，与现代化医疗空间的舒适度形成极大的反差。自 1943 年荷兰医生 Kolff 把血液透析用于急性肾功能衰竭的治疗获得成功，该技术在国外已经发展了 80 年。时至今日，国外血液透析科室的建设相较于国内，拥有更加完善的管理制度，并且已经逐步向社区化转型。而我国因为患病人员数量大，经济水平有限，医疗设备不够成熟，目前未达到社区化水平。

全球约有 8.5 亿人受慢性肾脏病困扰，该病目前为全球第 11 大死因。慢性肾脏病引发的疾病负担正在快速增长，其致残和死亡率增长幅度位居所有慢性病首位。预计到 2040 年，它将成为全球第五大死因。在我国，慢性肾脏病的患病率为 10.8%，患者超过 1 亿，终末期需接受肾脏替代治疗的患者超过 150 万，且每年以 12 万至 15 万的速度增加。[①]

本书从五个章节，即概述与发展、使用者分析与数据调研、血液透析中心建设要求、血液透析中心建筑功能分区及动线关系、优化建议应用及总结，聚焦剖析血液透析中心的空间功能及治疗流程，总结血液透析空间设计中室内设计师须遵循的设计要求和规范，为今后的设计工作者做同类设计时提供参考。

1.1 血液透析概述

血液透析（Hemodialysis）临床意指将血液中的一些废物通过半渗透膜除去，是一种较安全、易行、应用广泛的血液净化方法之一。血液透析是急性慢性肾功能衰竭患者肾脏替代治疗方式之一，通常被称之为“人工肾”。它将体内血液引流至体外，经一个由无数根空心纤维组成的透析器，血液与含机体浓度相似的电解质溶液（透析液）在这些空心纤维内外，通过弥散、超滤、吸附和对流原理进行物质交换，清除体内的代谢废物、维持电解质和酸碱平衡；同时清除体内过多的水分，并将经过净化的血液回输。这整个过程称为血液透析。

患者一旦接受血液透析治疗，将会进行一系列复杂的治疗流程。与此同时，血液透析患者在此过程中将会经历建立内瘘的病痛、脱水失重及各类并发症，是一个非常痛苦的过程。

对于首次进行治疗的病患，在评估血液透析适应证、排除禁忌证之后要进行建立血管通路，也就是动静脉内瘘，之后再进行放置中心静脉导管，通过导管将血液流出体外在透析机中进行血液体外循环，并进行血液透析（图 1.1.1~ 图 1.1.5）。

---

① 数据来源：中国疾病预防控制中心 https：//www.chinacdc.cn//yyrdgz/202103/t20210311224602.html.

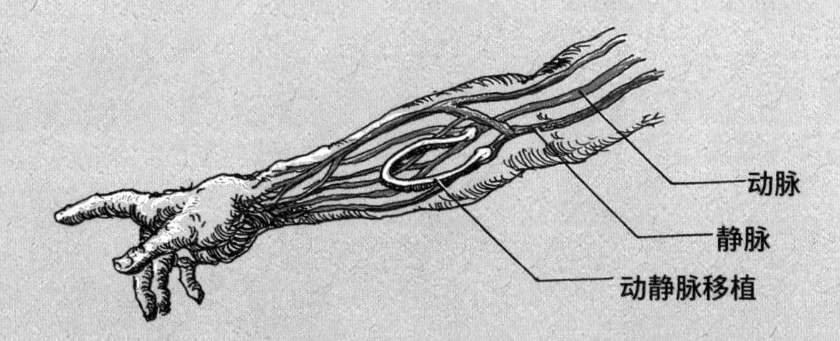

图 1.1.1　血液透析人工血管内瘘示意图

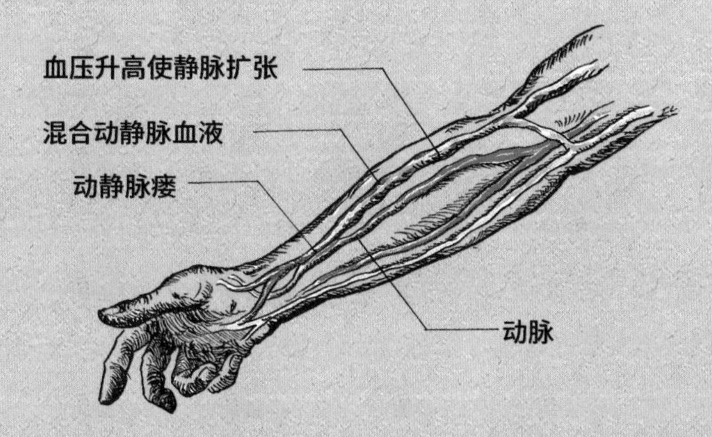

图 1.1.2　血液透析自体内瘘示意图

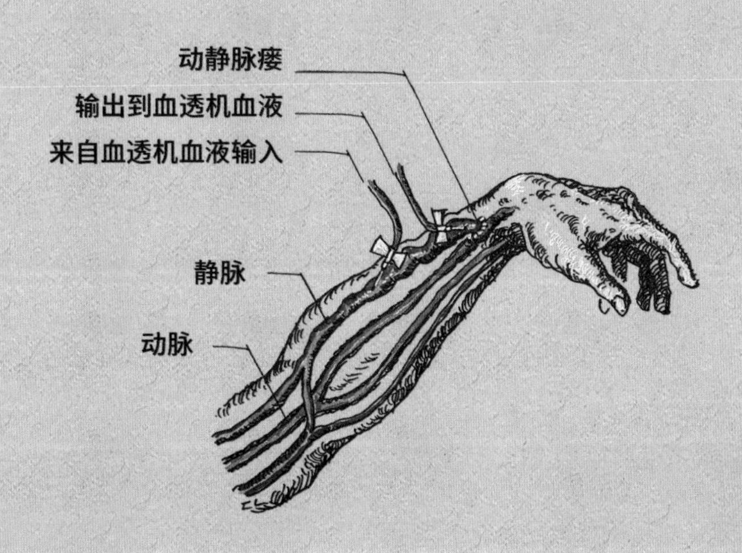

图 1.1.3　血液透析中心静脉导管示意图一

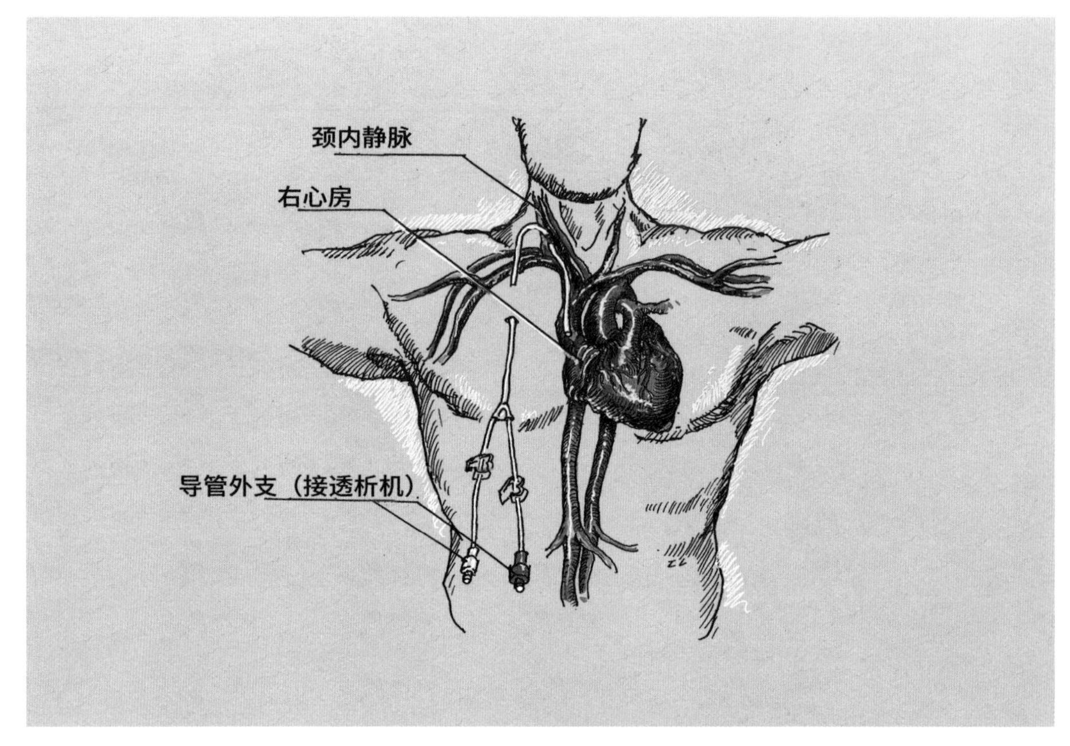

图 1.1.4　血液透析中心静脉导管示意图二

而维持性的血液透析患者则只需评估血管通路就可以进行下一步的治疗，也就是对患者进行评估，检查生命体征、称量体重以及评估体内液体平衡状态等，以上检查结果将作为制定血液透析治疗方案的依据。

每次透析结束之后，需要进行各项指标检查，随时对治疗进行调整。因此在进行血液透析中心设计时，应充分了解医疗就诊流程，并得出相对应的解决办法，设计出符合功能需求、提供高效服务的空间，符合各种使用对象的动线，提升治疗效率，创造更好的就医环境。

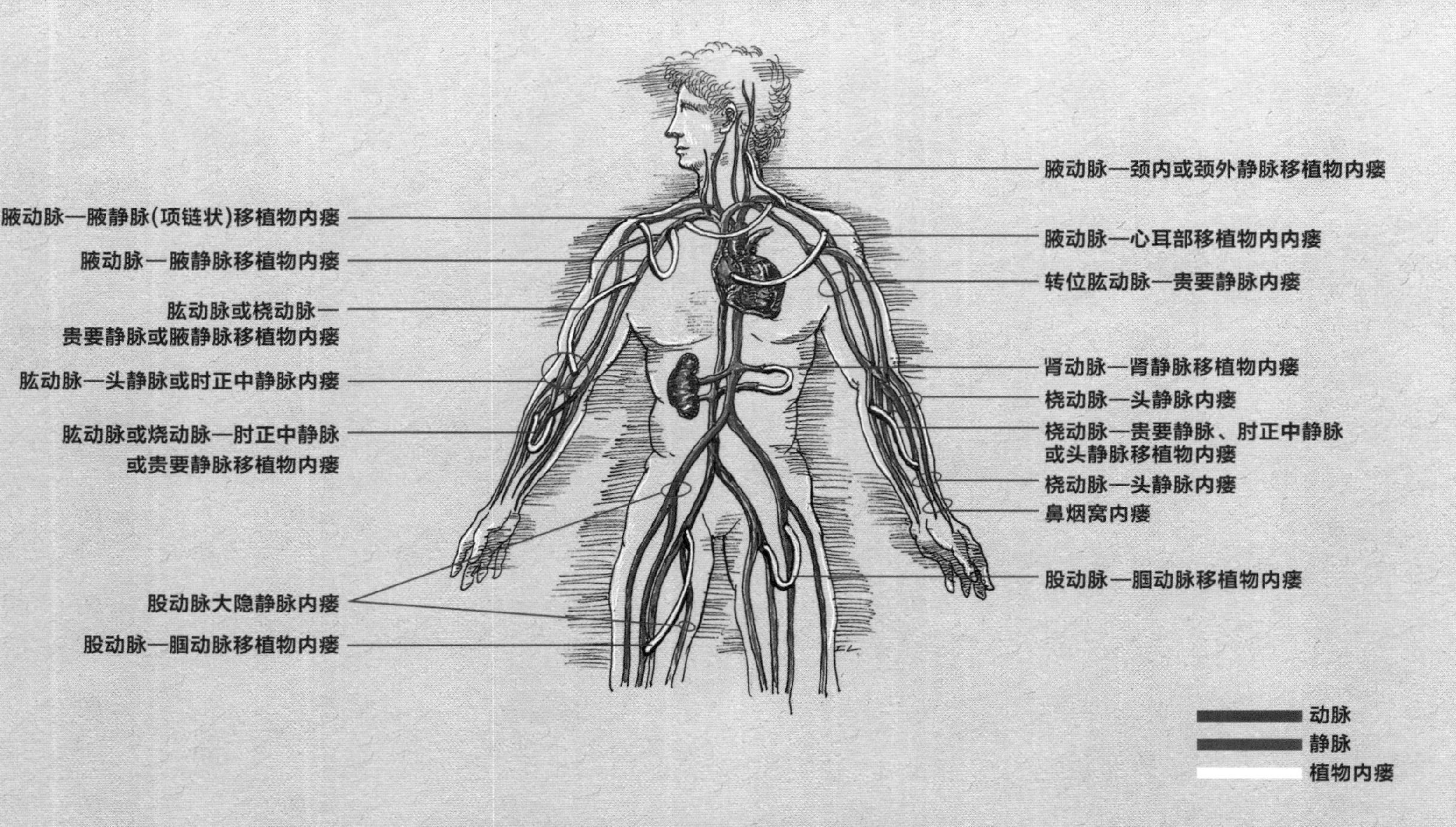

动静脉通路的部位和形式。本图展示了可能建立动静脉通路的解剖部位。
常用者仅占其中一部分（引自 Paulson WD，Ram SJ，Zibari GB. Vascular access：anatomy，examination，management.samin Nep.no.2002；22：183-194）

图 1.1.5　血液透析治疗原理示意图

1.2 血液透析人群及血液透析原理

1.2.1 血液透析人群

急性肾损伤的患者。血液透析是一种紧急干预手段，能防止肾功能急速减退而引发的生命危险。肾功能减退会严重影响患者的水分、电解质和酸碱平衡。由于肾功能不足，无法有效排除废物，导致毒素在体内积累，对生命和病情预后产生负面影响。血液透析能清除这些毒素，减轻肾脏负担，保护其他器官。

慢性肾衰竭的患者。血液透析能有效“净化”患者的血液，部分替代肾脏功能，从而改善患者的生活质量。

尿毒症的患者。患者由于长期肾功能较差，导致肌酐，尿素氮，降钙素等物质的堆积造成尿毒症。这是一种严重的终末期肾病的临床表现，使用血液透析能够快速改善毒物对人体的影响，以延长患者生命，改善患者生存质量，也能为患者等待肾脏移植谋求时间。

急性药物或者毒物中毒的患者。血液透析可以对低于透析膜分子量且水溶性高的物质进行清除，尤其是那些蛋白结合率低，游离浓度高的物质，如乙醇、水杨酸等中毒，能够使用血液透析进行良好的急救。但是对脂溶性的物质等不适合使用血液透析治疗。对于那些中毒时间长且蛋白结合高的毒药，血液透析的作用也极为有限。

严重的水、电解质及酸碱平衡紊乱的患者。由于各种原因引起电解质出现明显紊乱的患者，可能对其造成不利影响，甚至影响生命。尤其是高钾血症和低钾血症，其严重者可能导致心搏骤停，对患者的生命造成了极大威胁。低钾血症可以通过增加钾离子的摄入解决；而高钾血症的治疗，最有效的方法是血液透析，将多余的钾离子排出体外。有些情况下难治性酸碱平衡紊乱患者需要进行血液透析治疗以快速纠正患者的内环境紊乱。

血液透析技术其适用病症还有鱼胆中毒、蛇毒、肝肾综合征、肾病综合征等其他肾性适应证及非肾性适应证。

1.2.2 透析原理

透析是比较常见的治疗方式，分为血液透析和腹膜透析。其原理是通过透析器将体内的代谢废物、多余的水分排出体外，从而达到治疗的目的。本书中讲到的透析除特别说明外，均为血液透析。

血液透析是将体内的血液引流至体外，在透析器内利用半透膜两侧溶质的浓度差，经渗透、弥散和超滤作用，清除体内的代谢废物，维持电解质和酸碱平衡。同时清除体内多余的水分，将经过净化的血液回输至患者体内（图 1.2.1、图 1.2.3）。

腹膜透析是利用人体自身的腹膜作为半透膜的一种透析方式。灌入腹腔的透析液与腹膜另一侧的毛细血管内的血浆成分进行溶质和水分的交换，清除体内潴留的代谢产物和过多的水分，同时通过透析液补充机体所必需的物质（图 1.2.2）。

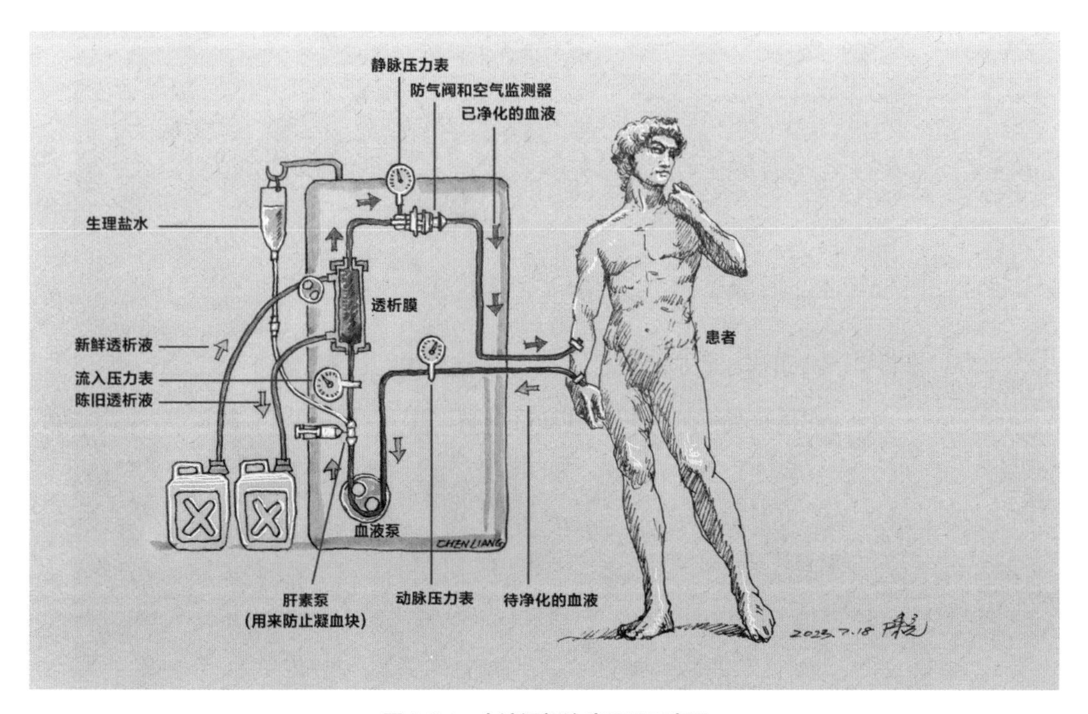

图 1.2.1 血液透析治疗原理示意图

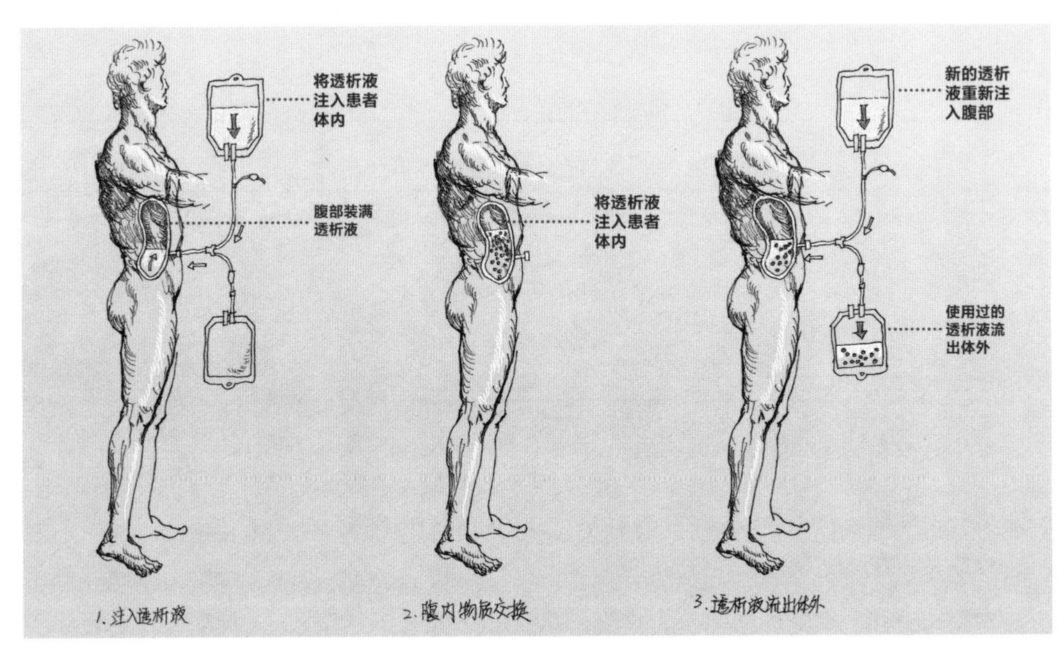

图 1.2.2　腹膜透析治疗原理示意图

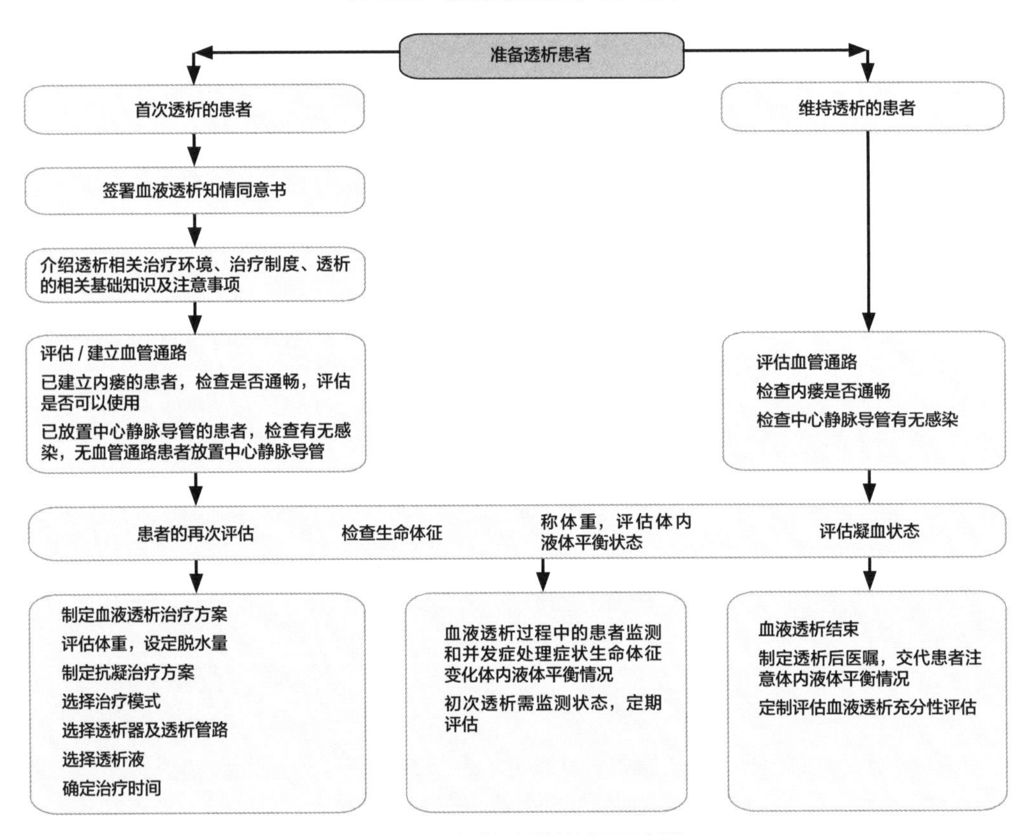

图 1.2.3　血液透析就诊过程示意图

1.3 发展现状

近年来，随着我国经济快速发展，综合国力显著提高，科学技术领域也取得了突飞猛进的进展，血液透析技术也在快速发展，但血液透析场所在设计上却存在不少潜在问题：

1）多数医院的血液透析中心建筑空间设计有待优化提升。有的医院因旧房改建等因素，血液透析中心布局杂乱，如面积过小，没有单独的治疗室、候诊室、接诊室及病人更衣区，无明确的污染区、清洁区分区。

2）血液透析单元的间距不足，不利于病人的抢救。有的血液透析中心没有缓冲区，医务人员、患者及医疗废物共用一个通道；有的医院存在水处理为开放式储水装置、无回路设置等设计上的不合理问题。

3）部分医院因血液透析机数量较少或其他原因，没有阳性患者专用血液透析机，且未设立隔离区。

4）血液透析中心排水、插座、空调排气设备设计不合理，导致很多治疗流程、净化问题不够完善。

5）相关建筑规范、专著及其他文献对血液透析中心的设计标准及要求规定不够明确，研究不够完善。

1.4 发展前景

目前我国血液透析中心发展迅速，对其医疗建筑空间提出新需求；存在规模大小控制不合理，分区不合理，缺少必要的功能用房，以及人性化、普及化方面等问题。血液透析治疗属于长期性治疗，长时间的治疗会增加患者的身心压力，严重影响患者总体临床治疗效果。由于长期面对患者的情感压力，医护人员也会感到精疲力竭，同时造成

表 1.4.1 历年相关政策

时间	发布单位	主要内容
2012 年	国务院办公厅	《国务院办公厅关于印发深化医药卫生体制改革 2012 年主要工作安排的通知》，将尿毒症等 8 类疾病列入大病保障
2015 年	人力资源和社会保障部	在对政协十二届全国委员会第三次会议第 3459 号提案的答复中明确了落实基本医保和大病保险待遇政策，实现居民医保政策范围内住院费用报销比例达到 75% 左右
2016 年	国家卫生和计划生育委员会	《血液透析中心基本标准（试行）》和《血液透析中心管理规范（试行）》明确了独立血液透析中心设立的标准和规范，指出血液透析中心属于单独设置的医疗机构，并且鼓励血液透析中心向连锁化、集团化发展，建立规范化、标准化的管理与服务模式
2017 年	国家卫生和计划生育委员会	《城市公立医疗机构 50 项重点工作任务清单》明确提到要加强透析中心的规范化建设与管理
2018 年	国家卫生健康委员会	国家卫生健康委员会会同国家医疗保障局、民政部、人力资源和社会保障部等部门，共同发布《关于进一步加强血液透析服务的若干意见》。文件明确提出，鼓励社会力量参与血液透析服务的发展，并加快优化透析器具供应和配送体系，促进血液透析服务供给优化
2020 年	国家卫生健康委等	在《关于印发促进社会办医持续健康规范发展意见的通知》中提出规范和引导社会力量举办连锁化、集团化经营的血液透析中心等独立设置医疗机构，加强规范化管理和质量控制，提高同质化水平

护理质量下降。从我国历年来颁布的与血液透析工作相关的文件及加强血液透析服务工作等的积极政策（表 1.4.1），可以看出国家对血液透析工作的重视。

自 2011 年到 2020 年底，血液透析患者的数量每年都在快速增加。我国肾病患者何其之多，血液透析患者的增多几乎是不可避免的，多数患者在确诊之前并不知道自己已患上肾病，在长时间的不知情下，肾病逐渐进展，最终不可挽回。

自 2013 年，我国年新增尿毒症患者的速度明显增加，截至 2022 年底首次突破 100 万，相比 2011 年透析患者总人数增加了 3.5 倍。[①]

① 该数据来源于公众号爱肾网 2023-07-21 文章突破百万——中国透析患者最新数据新鲜出炉，重磅！

Chapter 2 使用者分析与数据调研

2.1 血液透析空间使用者分类

血液透析空间使用者有患者、患者家属、医生、护士、工程师、保洁员等。

许多需要透析技术治疗的患者，在患病之后的生活中很多时间是在透析室中度过的，患者的心理、生理承受巨大的压力，但是目前部分医院透析病房内的生活环境质量较差，不利于患者保持良好心情，难以尽快康复。而根据目前医疗建筑设计的趋势，人性化设计已成为重要的设计原则。血液透析中心也应在此方面有所考量。

2.2 血液透析患者分析

2.2.1 生理及心理情况分析

血液透析患者在接受长期治疗的过程中将会经历建立内瘘的病痛、脱水失重以及各类并发症（肌肉痉挛、低血压、高血压、心包炎和心包积液等）。这个过程是一个非常痛苦的阶段，由于长期受到病痛的折磨，患者会产生诸多生理和心理问题（图 2.2.1、图 2.2.2）。

首先是生理不适的困扰，透析中体力消耗很大，透析后易出现各种不适。头晕乏力、失眠、疲倦感、恶心、呕吐、抵抗力低下是患者陈述最多的症状，并且抵抗力低下会令患者继发各种感染。

其次是精神层面的影响。患者在进行维持性血液透析的过程中心理负担较重，在经济、照护、情感上对家属较为依赖。对拖累他人，加重家庭经济负担的愧疚感也会加剧。这种负担感受会影响患者的生活质量和治疗依从性。

患者的各种不适可能导致其产生沮丧、焦虑、内疚、抑郁等消极心理反应，严重者甚至会产生“轻生”的想法，主要表现见表 2.2.1。

表 2.2.1　患者心理情况

心理类型	主要表现
悲观心理	主要见于血液透析半年以上的患者，由于患病时间长未治愈、病情进入尿毒症期，患者因而产生悲观失望的心理
恐惧心理	主要见于初次透析的患者，由于对血液透析治疗不了解，恐惧透析前的穿刺疼痛，担心血液透析会出现不良反应等极度紧张的心理
抑郁心理	在透析过程中，患者要长时间忍受穿刺带来的痛苦和透析过程中的不适感，平时的生活还受到水、盐及其他饮食的限制，还有并发症带来的困扰，如头痛、恶心、发热。患者可能因以上情况对生活失去信心，表现为抑郁、焦虑、睡眠障碍等
绝望心理	患者因医疗费用高、家庭负担重，对治疗失去信心，在病痛的折磨中产生绝望心理甚至产生轻生的念头

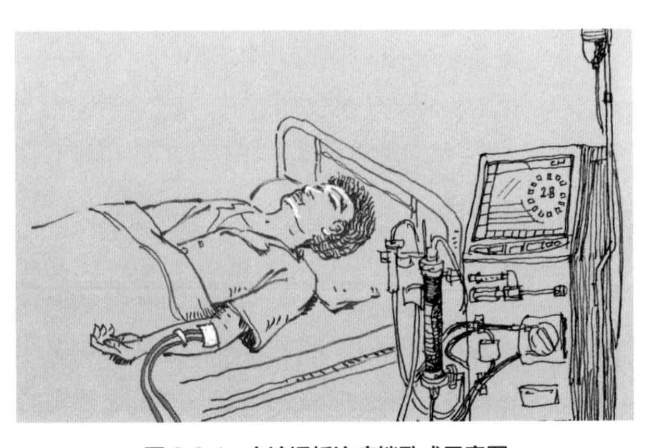

图 2.2.1　血液透析治疗躺卧式示意图

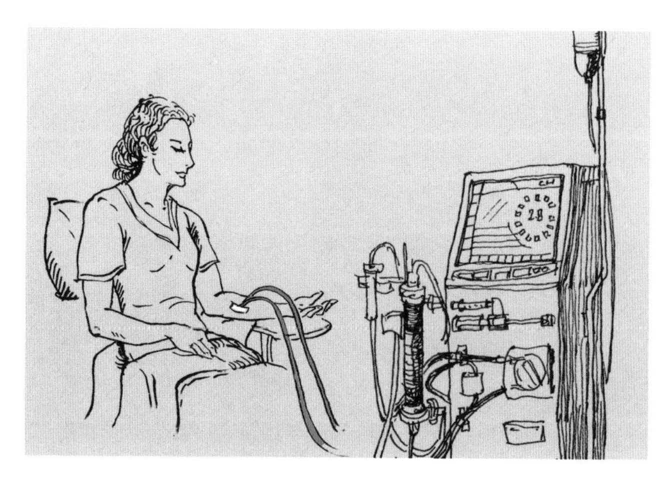

图 2.2.2 血液透析治疗坐式示意图

2.2.2 主要的负面心理类型

随着对血液透析患者关注度的提高，我国加大相关医保政策力度，减轻了维持性血液透析患者的经济负担。但现有透析医疗支出中，由于透析过程中一系列并发症的出现（如贫血、营养不良等），涉及患者会使用一些营养补给等药物，而此类药物大部分为自费药，一定程度上也会增加患者及家庭的负担。

患者人群中，中老年人群占比较重。已有研究显示，老年维持性血液透析病人较易出现各种心理问题。心理脆弱是一种消极反应模式，与人格特征密切相关，影响社会交往，增加抑郁症发生风险，是居民早期死亡的一项重要预测指标。病耻感长期存在会使病人产生焦虑、抑郁、害怕等负面情绪，导致其自我认同感降低、社交恐惧等，最终使病人产生心理脆弱。其中，自我感受负担的出现会使患者产生心理压力，降低自我价值感，对其生活质量和心理调节能力产生负面影响。研究显示，绝大部分维持性血液透析患者（87.77%）有不同程度的自我感受负担。整体而言，维持性血液透析患者自我感受负担处于中度水平。

此外，由于肾脏的代偿作用，进入血液透析初期，患者确诊时大多已为疾病的中晚期，需要进行终身血液透析治疗，患者无法接受此结果，病人的角色适应不良，往往更容易产生焦虑、恐惧等情绪反应。

2.3 医护人员工作心理情况分析

近年来，由于医患关系紧张等原因，医护人员的压力日益增大、心理健康令人担忧，在高风险、高压力和高强度的工作环境下，医护人员长期处于紧张状态，很多医护人员心身疲惫、烦躁不安、心情抑郁，有些还表现出职业倦怠、易激惹和焦虑等问题。许多研究提示，医护人员的心理健康水平有待提高，心理健康状况有待改善。

共情疲劳是指在向服务对象提供援助过程中，因共情投入或承受救助对象的痛苦而使助人者自身能力或兴趣减低，助人者出现对工作的倦怠感，甚至改变自身原有的价值观和世界观，同时伴随系列身心不适症状。护士是共情疲劳的易感人群，血液透析作为终末期肾病患者最主要的治疗方式，治疗周期长、病情反复。血液透析护理操作具有劳动强度大、风险系数高、护理专业性强的特点，护士操作稍有不慎都可能给患者带来巨大伤害和痛苦。护士需密切观察和巡视患者及设备情况，必须对职业保持较高的专注。此外，血液透析护士需要定期接受专业知识和技能培训，对本职工作特征有较高认识，故工作投入总体水平较高。但是长期处于高负荷工作的紧张状态容易出现生理性和心理性疲劳。

因此，设计师在空间规划设计中要优化医疗流程，在平面布置、流线设计等方面充分考虑患者与医护人员的生理和心理需求。通过空间设计改善患者就医体验，提高医护人员办公效率，使双方均能得到人性化关怀。

2.4 血液透析中心科室情况

2.4.1 血液透析中心部分院区基本情况

本节选取了六所大型综合医院作为研究对象，其中包含四所北京医院和两所甘肃省医院，均为 2022 年 5 月至 2023 年 5 月期间设计并建成且运行状况良好的医院。我们主要对六所医院血液透析中心的建设规模、治疗需求、床位配置、就诊情况、患者信息（年龄、性别）、医护人员配比等方面进行调研、分析与归纳，从中寻找共性、总结规律，为今后的设计工作者提供数据支撑。

床位配置及患者信息调研数据见表 2.4.1。

医护团队信息调研数据如表 2.4.2 所示。

2.4.2 血液透析中心部分院区调研数据整理及分析

本次调研问卷以血液透析中心医患情况的基本数据为调研目的自行设计。主要调研内容为床位、就诊人数、年龄、性别、科室人员配比、工种、总人数等。对数据进行剖析与解读，有助于设计者将设计需求量化分析，在进行空间设计时，形成可视化更强的医患使用需求。

患者信息数据整理分析结果见表 2.4.3。

本次调研的六所医院的血液透析中心在床位配置和患者数量上显示数据相差较大，这与医院建设初期的建设规模、规划等因素有关，且与当地的人口基数、患病率、治疗需求等因素息息相关。在进行科室配置时，应充分考虑以上因素，结合当地实际情况，并考虑到未来老龄化社会到来所带来的潜在老龄患者，可多预留床位和相应空间。

经过对数据的整理研究发现，北京地区院区患者数量明显高于外地，调查对象中超过 60 岁的患者最多，占比达到 46%，意味着将近一半的患者是老龄患者；30 岁以下患者占比仅 5.7%；30~40 岁患者占比 14.3%，数量明显高于 30 岁以下患者；41~60 岁患者数量剧增，占比达到 33%。由此可见，患者数量与年龄的增长呈正比关系，年龄越大患病率越高，中老年人群几乎涵盖主要患者人群。而且维持性透析是一个慢性治疗的过程，患病需接受长期治疗，从使用空间频次和时长两个方面看，在进行血液透析中心空间设计时，中老年人群的使用需求和人群特点、偏好等因素都是不可忽视的，需要着重考虑。

表 2.4.1　血液透析中心部分院区床位配置及患者情况

血液透析中心部分院区数据调研分析																				
医院名称			北京市 朝阳区某医院			甘肃省 兰州市某医院			甘肃省平凉市 某医院			北京市 海淀区 A 医院			北京市 西城区某医院			北京市 海淀区 B 医院		
院区透析床位数			47 床			12 床			4 床			20 床			120 床			60 床		
调研人数			160 人			12 人			11 人			51 人			884 人			126 人		
近 1 年患者			总例数	男性	女性	总例数	男性	女性	总例数	男性	女性	总例数	男性	女性	总例数	男性	女性	总例数	男性	女性
患者	年龄	＜30	2	2	/	/	/	/	1	1	/	/	/	/	69	40	29	/	/	/
		30~40	8	6	2	6	3	3	2	2	/	3	2	1	152	80	72	7	5	2
		41~60	50	38	12	/	/	/	8	4	4	18	10	8	299	199	100	39	27	12
		＞60	100	57	43	6	3	3	/	/	/	30	16	14	364	205	99	80	46	34
汇总调研人数			160	103	57	12	6	6	11	7	4	51	28	23	884	524	300	126	78	48

表 2.4.2　血液透析中心部分院区医护人员配置情况

血液透析中心部分院区数据调研分析								
医院名称			北京市 朝阳区某医院	甘肃省 兰州市某医院	甘肃省平凉市 某医院	北京市 海淀区 A 医院	北京市 西城区某医院	北京市 海淀区 B 医院
医护人员团体	工种	医生	4	2	3	2	8	6
		护士	28	4	5	8	26	14
		维护人员	1	1	2	1	1	2
		保洁员	2	1	2	1	3	2
医护人员总人数			35	8	12	12	38	24

表 2.4.3 六所医院患者调研数据分析

床位数	4~120 床					
患者人数	11~884 人					
年龄	总例数	占比	男性人数	男性占比	女性人数	女性占比
< 30	72	5.7%	43	59.7%	29	40.3%
30~40	178	14.3%	98	55%	80	45%
41~60	414	33%	278	67%	136	33%
> 60	580	46%	327	56%	253	44%
总计	1244	100%	746	60.0%	498	40.0%

从患者性别上来看，男性患者在各个年龄段占比数量都远超女性，总占比达到 60%，在进行血液透析中心空间设计时，可考虑此因素。基于男性患者比重大的原因，可采用一些中性色，多运用中性元素等。

医护团队信息数据整理分析结果见表 2.4.4。

经过对数据的整理研究发现，基础的医护团队主要包含四个工种：医生、护士、维护人员、保洁员。科室人员数量与患者人数和床位数成正比关系。基础配备医生数量 2 人，基础配备护士数量 4 人，与床位数量、科室规模等因素关系密切，视患者数量增加；固定配备维护

表 2.4.4 六所医院医护团队数据分析

项目	调研数据			
医护团队配数	8~38 人			
工种	医生	护士	维护人员	保洁员
工种数量	2~8 人	4~28 人	1~2 人	1~3 人
工种占比	19.7%	65.8%	6%	8.5%
医生配比关系	基础配备医生数量 2 人，视患者数量增加，两者成正比关系			
护士配比关系	基础配备护士数量 4 人，视患者数量增加，两者成正比关系			
工程师配比关系	固定配备工程师数量 1~2 人			
保洁员配比关系	固定配备保洁员数量 1~2 人			

人员数量 1~2 人，固定配备保洁员数量 1~2 人，维护人员和保洁员数量与患者数量、床位数量、科室规模等因素关联性不大。另外，维护人员可由医院固定聘请在岗，或由设备厂家配备专业人员完成定期检查、维护、维修设备等工作。

从数据中可以看出，护士是团队中占比最大的人员，占比高达 65.8%，且护士团队多为女性，设计者应充分考虑这一因素，多关注护士群体的需求及心理健康。

2.4.3 血液透析中心部分院区优化建议

调研过程中笔者与科室内部医护人员针对运行情况进行对话访谈，取得优化建议和未来展望等若干意见，一并整理，期望对未来血液透析中心设计工作进行不断优化，起到启示、引领作用。优化建议整理如下：

1）布局设计：首先是血液透析中心在医院内部的规划设计，应设置在较低楼层且远离人员密集区域；其次，应根据医疗工艺设计、人流动线以及建筑形态合理布置各功能区域，保证患者及医护人员的高效率；再者，根据机电设备要求及医疗工艺设计调整各功能区内的设备及点位排布，保证整个治疗流程流畅顺利进行；最后在上述基础之上，设计应保证空间具有一定可变性、灵活性，以满足在应急状态下的使用。

2）空间设计：环境方面应宽敞、明亮、温馨、安全，让慢性病患者心理上得到放松。

3）智能化设计：患者治疗、缴费流程简洁，尽可能就近或用电子系统完成。

4）人性化设计：透析室可以配备电视、无线网络，丰富患者透析过程中的文化生活；透析大厅宜选用具备设置外窗条件的空间环境，便于通风换气。

5）细节化设计：水通道建议置于底部，用电、氧气设施应置于顶部；透析室顶部应配备嵌入式空气消毒机，方便随时消毒。

Chapter 3 血液透析中心建设要求

3.1 血液透析中心建筑设计要求

血液透析室设置要求：①

包括准备区、治疗区、办公及辅助区等基本功能区域。各功能区域应当合理布局，区分清洁区、半清洁区与污染区等，治疗区由若干透析标准单元组成，包括普通透析标准单元和隔离标准透析单元。

1）可设于门诊部或住院部内，应自成一区；

2）应设患者换鞋与更衣、透析、隔离透析治疗、治疗、污物处理、配药、水处理设备等用房；

3）治疗室（病室）一般以大房间为主，可根据需要配以若干单床间或多床间病室，对阳性患者及传染病等患者，宜设隔离透析治疗

---

① 根据《综合医院建筑设计规范》GB 51039—2014、《中国医院建设指南》《建筑设计资料集 第6分册 体育·医疗·福利》第三版中关于血液透析室相关要求总结。

室和隔离洗涤池，应设观察窗；

4）入口处应设包括换鞋、更衣的医护人员卫生通过通道；

5）治疗床（椅）之间的净距不宜小于 1.20m，通道净距不宜小于 1.30m。

6）透析治疗时间一次 2~6 小时，且多由家属陪同前来，需考虑该空间环境的舒适性、娱乐性及必要的等候空间；

7）透析室应尽可能多采用自然照明，并避免眩光或产生视疲劳。室内设计要注意色彩柔和、帮助病人确立方向感，避免压抑。材料选用应考虑健康、环保、无色无味、便于打扫消毒，便于保养；

8）满足透析设备对空间、管道、维护等方面的要求，风口的布置应避免气流对病人直吹；

9）透析用水必须进行软化水处理，市政用水经离子交换等处理后方可使用。

3.2 血液透析中心建设思路

现代医院血液透析中心在建设时应当明确一个思路，即血液透析中心的首要功能是医疗的救治，保证患者的治疗质量，从建筑的角度而言，这就需要在医院的建设规划之中保证血液透析中心的规模、平面功能、使用动线以及其他相关专业等满足其基本的治疗需求，符合相关的质量标准。

根据调研分析，由于社会经济高速发展所带来的环境恶化等一系列原因，导致生活环境质量下降，加之不良的生活规律，国内血液透析患者人数逐年升高，就诊量逐年增加，又因为血液透析治疗模式的特殊性，对于其规范化、合理化需求的声音逐渐增多，很多地区的医院由于当前的建设规模较小以及内部功能标准不一，且大多缺少人性化设计，导致其接诊治疗能力逐渐满足不了目前形势的变化。因此，面对现状，现代综合医院的建设思路在满足基本的医疗救治的前提之下，还应该考虑到更多合理化、模式化以及人性化的设计因素，并且不能只是满足当下的治疗需求，对未来发展也有一定的考量，以可持续发展的思路对其进行综合的规划设计。

现代综合医院的血液透析中心，功能上应分为准备区、治疗区、办公及辅助区。从医疗感控角度应当在布局规划上严格区分清洁区、污染区、半污染区，并且通风良好，具备基本功能区域。有符合规格的透析机、水处理装置及抢救的基本设备。综合医院中重症监护室、麻醉科、放射科、检验科、内科等可以及时对血液透析中心提供医疗、技术支持，对提高就诊质量和效率有显著的效果。

3.2.1 血液透析中心的基本设计原则

1）医院内的血液透析中心：

血液透析中心在公立医院作为一个独立的科室，在医院中合理的位置选择对于血液透析中心非常重要，由于血液透析中心与其他的一些科室有着密切的联系，包括肾病、急诊、心血管等内科科室以及医技部门。因此在综合医院中应当考虑与其他科室的紧密度来进行规划选址，一般分为两种方式：

a）设置在病区。由于血液透析的病人主要由肾病患者构成，因此可以与肾病内科，肾病护理单元相毗邻。血液透析中心设置在病区，外部环境较为安静，对于重病患者或是患有其他较为严重的并发症的患者较为适合，也便于医护人员抢救观察，治疗效果比较好。

b）设置在门诊。考虑到患者在治疗过程中需要开展其他相关检查。因此在规划布局的设计中可以将其布置在医技门诊区域。

2）独立血液透析中心：

a）需要具备相应合法的房屋权属证明及其他消防类验收证明，权属证件上标注的使用性质必须是医疗或者商业服务。若是商业空间需注意上下楼层建筑的使用功能，建筑是框架结构，至少有一条独立的通道直达室外或可安装室外运输钢梯。在地面或地下室可以提供一片约 50m^2 的空间，用于安装废水处理设备和发电机。交通便利，周围无敏感性区域，如 50m 内无学校，幼儿园，菜市场等，不能紧贴餐饮饭店，如紧邻居民区，需周围居民同意。

b）独立设置的对慢性肾衰竭患者进行血液透析治疗的医疗机构（属于单独设置的医疗机构），须向所在地的省级卫生行政部门提出申请，应由省级医疗质控中心（血液净化等）实地评估审核合格后，呈报省级卫生行政部门批准并进行执业登记，方可开展血液透析工作。

c）根据规模配备至少 10 台以上血液透析机，必须含有 1 台以上用于临时透析的血液透析机（图 3.2.1）。

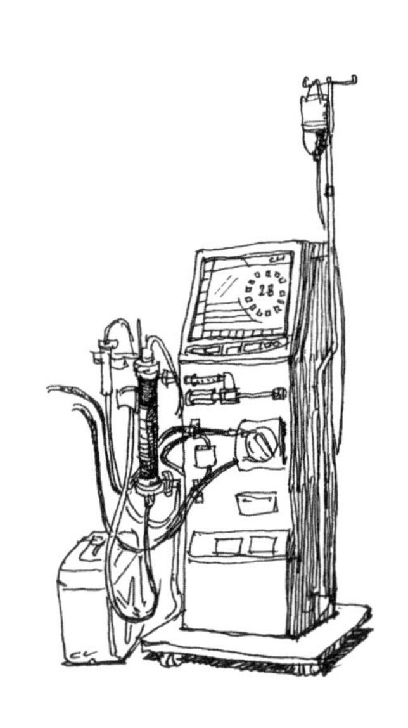

图 3.2.1　血液透析机示意图

d）原则上独立血液透析中心必须与一家有具备急性并发症救治能力二级及以上综合医院签订救治血液透析急性并发症医疗救治的医疗服务协议，保障转诊通路畅通。区域内至少一家具有血液透析慢性并发症诊治能力的三级综合医院，建立双向转诊通道。

e）委托其他医疗机构承担药剂、医学检验、辅助检查和消毒供应物品的血液透析中心，应与相应医疗机构签署医疗服务合作协议，保障相应医疗服务的质量和及时性。

f）必须对卫生行政部门、各级医疗质量控制中心的检查指导、数据统计和质量评估予以配合，不得拒绝和阻挠，不得提供虚假材料。对不符合规定、存在医疗安全隐患的问题，必须及时按相关要求和标准进行整改。

3.2.2 血液透析中心各功能分区面积控制

血液透析中心设计必须遵守国家有关法律、法规，并与经济社会发展水平相适应，正确处理需要与可能、现状与发展的关系，做到规模适宜、功能完备、节能环保、经济适用。建设规模应根据区域卫生规划确定的医护人员编制人数和床位数来确定。在规划设计的过程中，其规模控制要符合当下现代综合医院的发展潮流，应与医院所在地区的经济水平、治疗需求量相平衡，并且考虑既能满足近期的治疗要求，也能结合未来的发展因素，其规模应与各自医院的级别相适应，避免浪费资源，适应各自的发展。

通过准备区、治疗区、办公及辅助区面积数据之比统计显示（详见表 3.2.1），可以看出目前各个医院的血液透析中心准备区、治疗区、办公及辅助区面积根据使用情况不同有所不同。

表 3.2.1 是对七所医院的血液透析中心的准备区、治疗区、办公及辅助区的构成、面积进行的统计分析。对调研总结，对功能较为完善且使用情况良好的血液透析中心准备区、治疗区、办公及辅助区域比例进行分析，笔者认为血液透析中心的准备区、治疗区、办公及辅助区的大致面积比例可按照准备区 10%~20%，治疗区 45%~60%，办公及辅助区 18%~30% 的比例进行区域设置，面积占比总和为 100% 即可。

3.2.3 血液透析中心动线规划原则

血液透析中心动线分析包括人员动线分析和物品动线分析。其中人员动线分为：医务动线、患者动线、家属动线；物品动线分为：洁物动线和污物动线。动线设计要求：人物分流、洁污分流。医护人员与患者有单独入口、通道；接诊后阴性透析治疗区与阳性透析治疗区有独立通道或入口；洁物、污物动线不交叉、不回流。

表 3.2.1　七所医院血液透析中心用房占比统计表

		准备区			治疗区									办公及辅助区											
		候诊区	更衣区	卫生间	透析区	阳性透析治疗区	VIP透析区	治疗室	处置室	诊室	患者走廊	污物间	抢救室	医护走廊	医生办公室	更淋间	污洗间	会议室	干库房	湿库房	配夜间	水处理间	档案	其他	总面积
山西太原某透析中心	面积（m^2）	86	3.8	9.5	374	45	38	18	6.8	32	44.5	7	0	65	25	38	2	34	40	14	14	23	0	49	968.6
	面积占比	8.9%	0.4%	1.0%	38.6%	4.6%	3.9%	1.9%	0.7%	3.3%	4.6%	0.7%	0.0%	6.7%	2.6%	3.9%	0.2%	3.5%	4.1%	1.4%	1.4%	2.4%	0.0%	5.1%	100.0%
深圳某医院	面积（m^2）	110	15	6	431	177	89	15	0	0	38	11	0	128	45	55	0	55	18	18	0	20	0	169	1400
	面积占比	7.9%	1.1%	0.4%	30.8%	12.6%	6.4%	1.1%	0.0%	0.0%	2.7%	0.8%	0.0%	9.1%	3.2%	3.9%	0.0%	3.9%	1.3%	1.3%	0.0%	1.4%	0.0%	12.1%	100.0%
天津某医院	面积（m^2）	150	43	0	514	0	0	9	6	0	42	0	0	55	48	44	27	0	34	20	0	13	0	289	1294
	面积占比	11.6%	3.3%	0.0%	39.7%	0.0%	0.0%	0.7%	0.5%	0.0%	3.2%	0.0%	0.0%	4.3%	3.7%	3.4%	2.1%	0.0%	2.6%	1.5%	0.0%	1.0%	0.0%	22.3%	100.0%
山东威海某医院	面积（m^2）	80	34	0	423	54	0	17	0	0	57	15.5	8	191	53	45	16.5	30	0	0	0	24	0	44	1092
	面积占比	7.3%	3.1%	0.0%	38.7%	4.9%	0.0%	1.6%	0.0%	0.0%	5.2%	1.4%	0.7%	17.5%	4.9%	4.1%	1.5%	2.7%	0.0%	0.0%	0.0%	2.2%	0.0%	4.0%	100.0%
北京怀柔某医院	面积（m^2）	71	61	13	862	90	0	17	28	34	189	17	32	298	72	76	7	23	49	31	74	51	26	229	2350
	面积占比	3.0%	2.6%	0.6%	36.7%	3.8%	0.0%	0.7%	1.2%	1.4%	8.0%	0.7%	1.4%	12.7%	3.1%	3.2%	0.3%	1.0%	2.1%	1.3%	3.1%	2.2%	1.1%	9.7%	100.0%
北京中关村某医院	面积（m^2）	97.5	37	4.5	566	0	0	24	15	0	60	0	57	104	62.5	41	0	50	46	35	0	42	0	77.5	1319
	面积占比	7.4%	2.8%	0.3%	42.9%	0.0%	0.0%	1.8%	1.1%	0.0%	4.5%	0.0%	4.3%	7.9%	4.7%	3.1%	0.0%	3.8%	3.5%	2.7%	0.0%	3.2%	0.0%	5.9%	100.0%
北京某三甲医院	面积（m^2）	51.5	46	0	620	65	0	39	22	11	55	10	0	189	67	61	89	29	21	41	20	53	0	116.5	1606
	面积占比	3.2%	2.9%	0.0%	38.6%	4.0%	0.0%	2.4%	1.4%	0.7%	3.4%	0.6%	0.0%	11.8%	4.2%	3.8%	5.5%	1.8%	1.3%	2.6%	1.2%	3.3%	0.0%	7.3%	100.0%

注：表中准备区、治疗区、办公及辅助区下设功能用房根据七所医院现有情况统计，与后文略有不同。

3.3 血液透析中心结构布局

血液透析中心应该合理布局，清洁区、污染区及其通道必须分开。必须具备的功能区包括：

清洁区：治疗准备室、水处理间、干库房、湿库房、浓缩液库房、配液间、医护人员办公区等；

半清洁区：阴性及阳性透析治疗区、专用手术室、接诊区及患者更衣室等；

污染区：污物间、污洗间等。

清洁区、半清洁区、污染区合理区分及分隔。

按照《医院感染管理办法》，血液透析中心的建筑布局应当遵循环境卫生学和感染控制的原则，做到布局合理、分区明确、标识清楚，符合功能流程合理和洁污区域分开的基本要求。

3.4 血液透析中心功能规划

血液透析中心要设有准备区、治疗区，办公及辅助区（简称三区）及三通道。

准备区：报到处、候诊区、患者更衣室、接诊区、公共卫生间等空间；

治疗区：阴性及阳性透析治疗区、治疗准备室、护理单元、抢救室、专用手术室等空间；

办公及辅助区：医生办公室、主任办公室、护士站办公室、工程师办公室、会议室、更衣室、淋浴间、值班室、水处理间、配液间、干库房、湿库房、浓缩液库房、清洁库房、污物间、污洗间等空间；

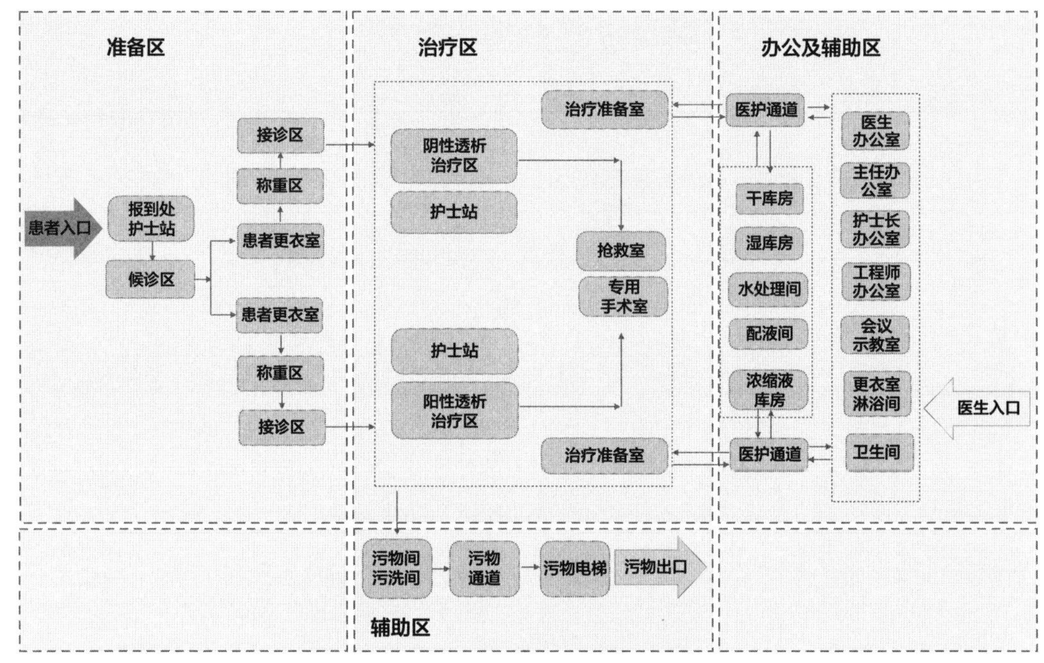

图 3.4.1　血液透析中心功能布局流程图

三通道：医护通道、患者通道、物品通道，其中物品通道通常又分为洁物通道和污物通道。

血液透析中心是一个区别于普通门诊诊室及护理病房的治疗区域。血液透析中心作为一个治疗场所，有较为严格的动线要求，为尽量避免交叉感染，应该设计成一个分区合理的、独立的医疗单元，做到各区相对独立，清洁净度相同的空间集中布置，以减少彼此之间的互相干扰，有效控制交叉感染的发生（图 3.4.1）。

3.4.1 血液透析中心功能布局

1）集中式

集中式布局指的是透析床集中布置于同一个透析治疗区内，由一条医护走廊将治疗区和办公及辅助区分隔，医护走廊同时承担污物通道的作用，患者由接诊区直接进入治疗区。这种布局方式应用广泛，能够更加有效地组织人流、物流，在洁污分区上较为明确，能够相对合理地控制感染。

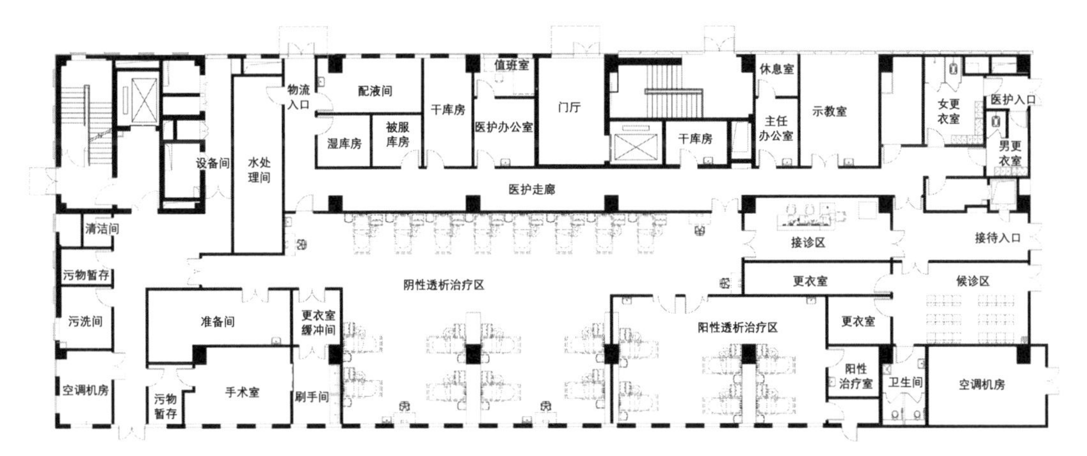

图 3.4.2 青岛市某三甲医院血液透析中心

这种布局方式广泛运用于目前的血液透析中心，其模式较为适合床位数较少的血液透析中心（图 3.4.2）。

2）单元式

单元式布局指的是一定数量的透析床分别布置于不同的透析治疗区内。由于目前很多综合医院的血液透析中心医疗资源实力较强，治疗方式广泛，在其接诊能力的影响下血液透析中心的规模很大，床位数量增多导致平面布局发生改变。单元式布局方式可以合理、有效地治疗、监护正在进行透析治疗的病人，适合大型血液透析中心的治疗模式。

严格分三通道。如有条件，患者通道应设隔离病人通道，分别通往对应透析区域；医护通道接办公及辅助区和治疗区，设独立出入口；物品通道中的污物通道连接治疗区与污洗间，通过门或缓冲区域与医护走廊隔离。这种布局模式完善地解决了血液透析中心内部复杂的人员、物品动线组织方式，洁污分区明确。设计中应合理布置平面用房，避免造成过长的交通（图 3.4.3、图 3.4.4）。

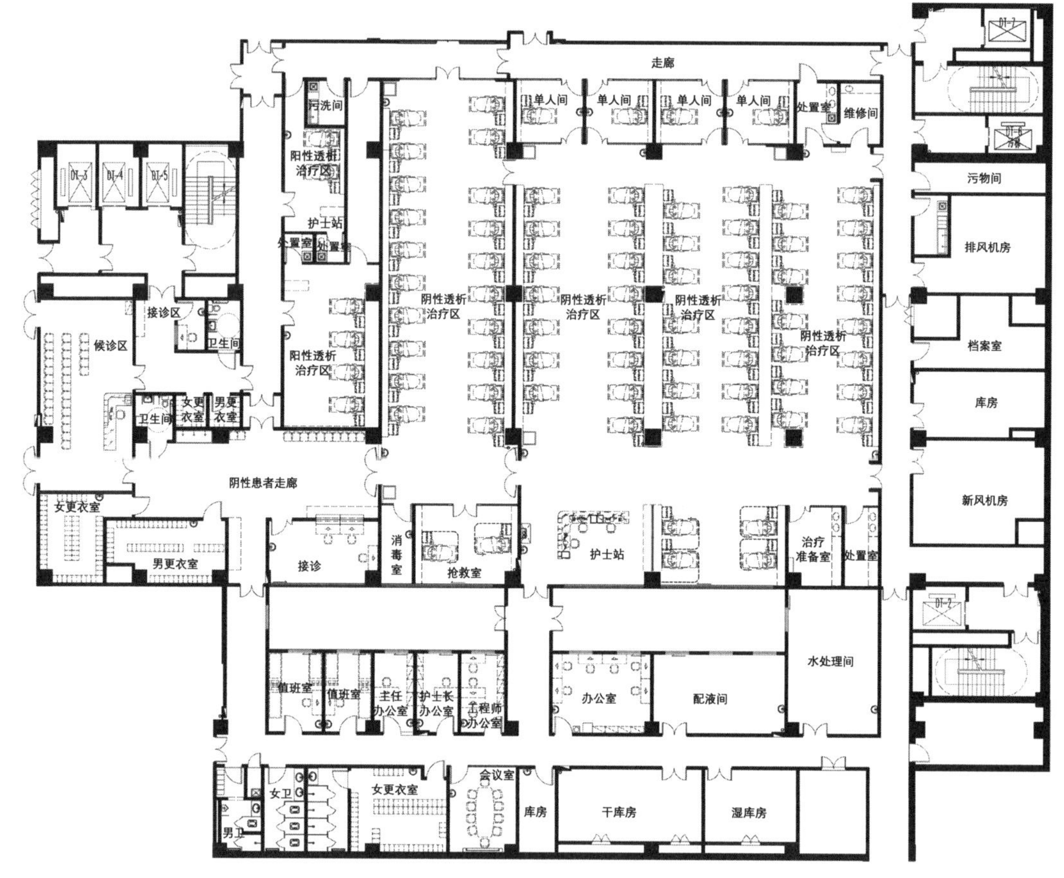

图 3.4.3 北京市怀柔某三甲医院血液透析中心

3.4.2 血液透析中心各功能区内部布局

血液透析中心各功能区内部布局按透析床位排列方式分为中心式、单面式、双面式。

1）中心式

在治疗区的中心设置护士站，在护士站应能看到全部病人，可以随时掌握病人的病情，四周环以病床或病室，其他用房按照医疗功能另行设置。其优点是以护士站和密切相关的医疗用房为核心，平面紧凑，护士到每一病床或病室的护理半径最短且大致相等，便于管理，效率较高。在治疗区作准备的护士和医生可以边工作边观察病人，便于突发情况随时采取紧急救治措施（图 3.4.5）。

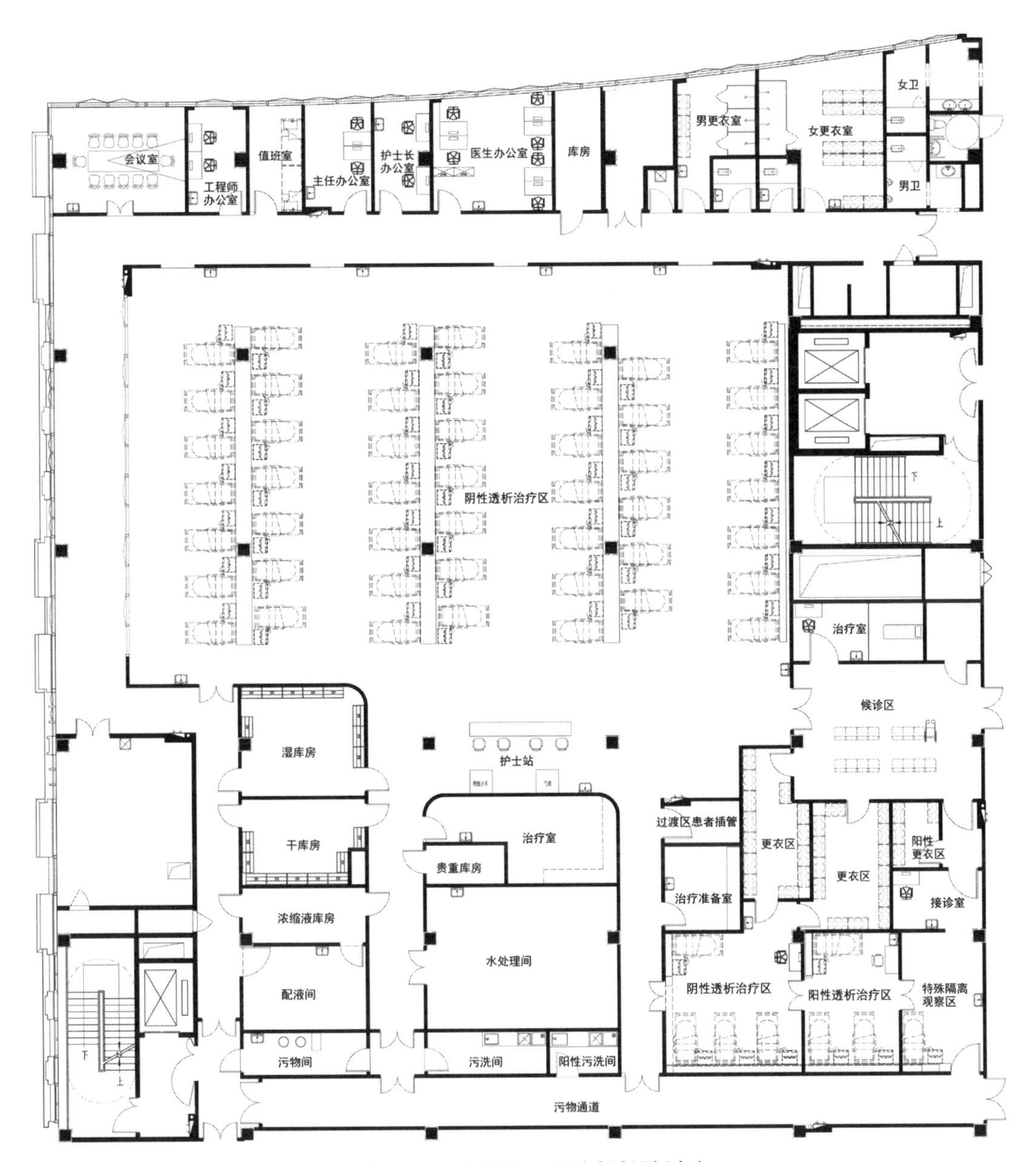

图 3.4.4 北京市某三甲医院血液透析中心

图 3.4.5　中心式案例：甘肃某三甲医院血液透析中心

2）单面式

在治疗区沿护士站单面设置病床、病室，在护士站左、右和后面设置其他用房（图 3.4.6）。优点是易于观察患者，可充分利用四周墙面设置密切相关的医疗用房，房间布置集中。不足是由于单面布置病室，交通线长，不利于观察端部病床，为了改善这一缺点，病床平面布置形式可呈 L 形。

3）双面式

在治疗区的中心位置设置护士站，前后两面或一侧布置两排病床或病室，四周设置辅助用房（图 3.4.7）。

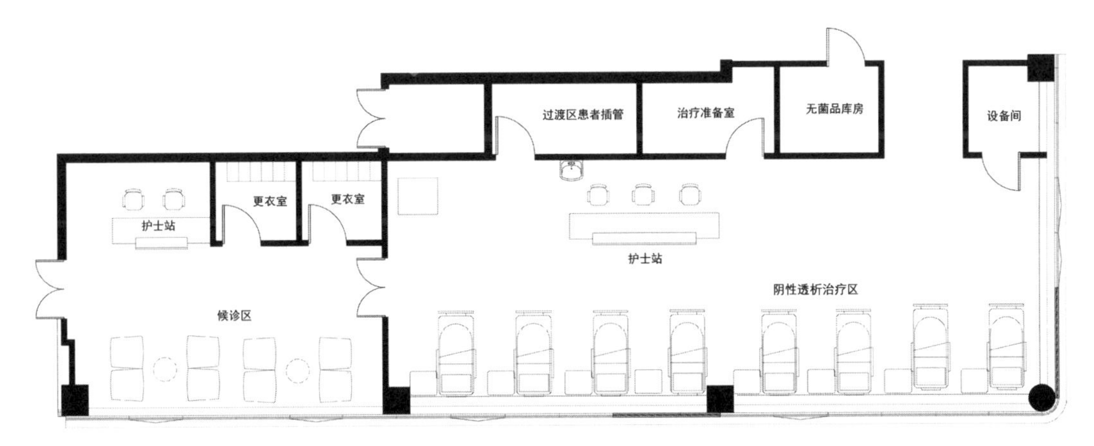

图 3.4.6 单面式案例：青岛市某国际医院血液透析中心

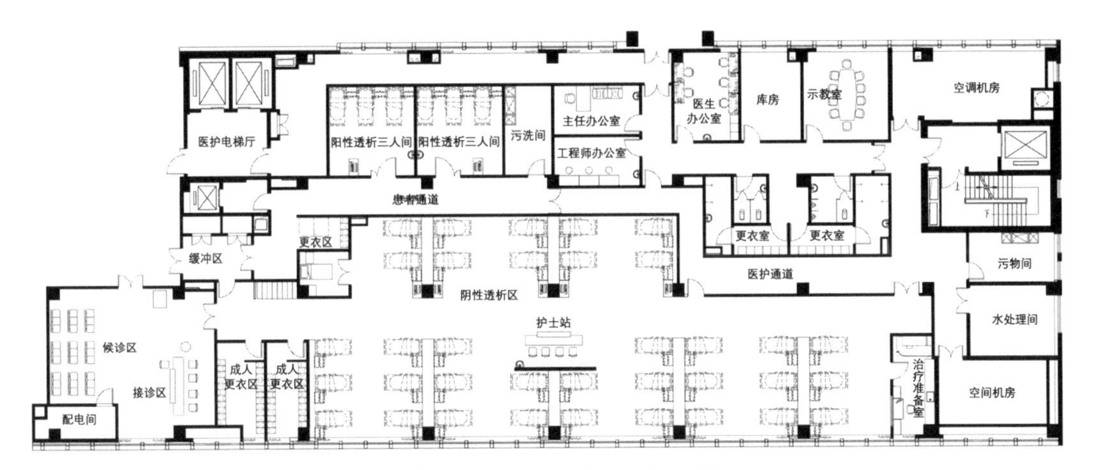

图 3.4.7 双面式案例：山东某三甲医院血液透析中心

血液透析中心床位布局方式的采用应当符合自身的规模大小，以及平面布局的形式，根据各方面因素进行合理规划，采用与之相适应的布局形式。由于血液透析中心床位的排列方式类似于 ICU 床位的排列方式,《医疗建筑中重症监护单元（ICU）的建筑设计研究》中提出，床位排列无论采用哪种布局形式均要满足以下原则：

1）在护士站能观察到每一个病人，观察时不影响其他病人。

2）有最短的抢救治疗距离。

3）有充足的面积放置药物、仪器和医疗用品。

4）人员、物品、室内空气保持单向流动。

5）护理单元的形式首先应该考虑有益于患者的治疗、康复，其次应考虑护理人员的工作路线尽量要短，同时便于管理，减小医护人员工作强度。

3.5 血液透析中心分区注意事项

分区设计时先查阅医院对该科室的感染控制要求，医疗工艺设计首先要满足医院感染控制的基本要求，保护医护人员、健康人群（如陪护人员、家属等）、易感染人群，避免交叉感染和院内感染。血液透析中心主要防止血液感染，要分阴性区和阳性区，阳性区分病种专机，且专区专用，设固定护理人员。

血液透析中心按照功能分准备区、治疗区、办公及辅助区。从医疗感染控制角度应当在布局规划上严格区分清洁区、半清洁区、污染区，各区域功能房间建议面积及注意事项见表 3.5.1。

3.6 血液透析中心动线分析

除常规设计的五种动线形式，为使读者更直观地了解医护人员与患者动线关系，专门绘制了医患动线图供读者参考。

1）医护动线（图 3.6.1）

2）患者动线（图 3.6.2）

3）家属动线（图 3.6.3）

4）洁物动线（图 3.6.4）

5）污物动线（图 3.6.5）

表 3.5.1 各功能分区设计注意事项

区域	分区	功能房间	面积（m²）	备注
办公及辅助区	清洁区	医生办公室	26~30	
		主任 / 护士长办公室	10~15	需根据医院控制标准设置
		男 / 女医护更衣室	45~50	必要时设门禁卡
		男 / 女医护卫生间	10	必要时设门禁卡
		男 / 女值班室	10~12	必要时设门禁卡
		会议室	25	必要时设门禁卡
		员工休息室		有条件时设置
		水处理间	50~60	需设置纯水设备
		配液间	18~20	透析液配制，使用成品 A、B 液可以不设置
		湿库房	12~25	透析液存放
		干库房	18~20	透析器、管路、穿刺针等耗材存放，库房应符合《医院消毒卫生标准》GB 15982—2012 中规定的Ⅲ类环境
		医护走廊		
		治疗准备室	9~12	应达到《医院消毒卫生标准》GB 15982—2012 中规定的Ⅲ类环境
				用于配制透析中需要使用的药品等
				用于储存备用的消毒物品（缝合包、静脉开切包、置管及透析相关物品等）
	污染区	污物间	8~10	生活垃圾和医疗废弃品需分开存放，按相关部门要求分别处理
		污洗间	8~10	
		洁具间	2~3	
治疗区	半清洁区	透析治疗区		设置阴性透析治疗区、阳性透析治疗区、腹膜透析区，需根据医院规划标准设置
		透析单人间	7~10	提升品质，有条件时设置
		抢救室		急救设备：心脏除颤器、简易呼吸器、抢救车
		专用手术室		是否设置专用手术室可由医院实际情况决定
		处置室	10~15	换药、拔管等
准备区		候诊区	50~70	以不拥挤且舒适为宜；患者更换衣后完成称重测血压和脉搏后，方能进入接诊区和透析治疗区
		接诊区	25~30	由医务人员分配透析单元；确定患者本次透析的治疗方案及开具药品处方、化验单等
		男 / 女患者更衣室	45~50	设置更衣柜、坐凳等
		男 / 女患者卫生间		无障碍设施等

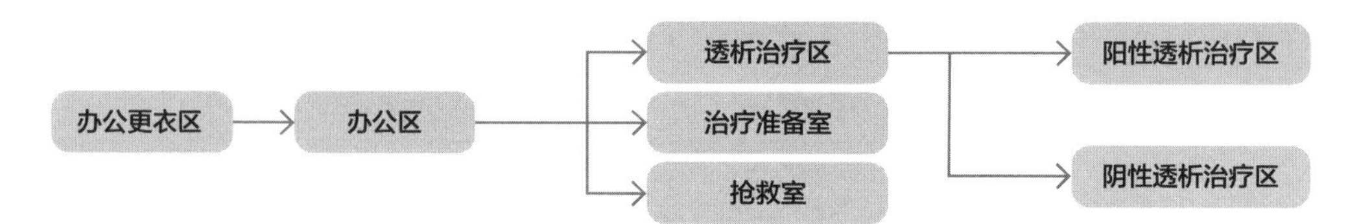

图 3.6.1　医护动线

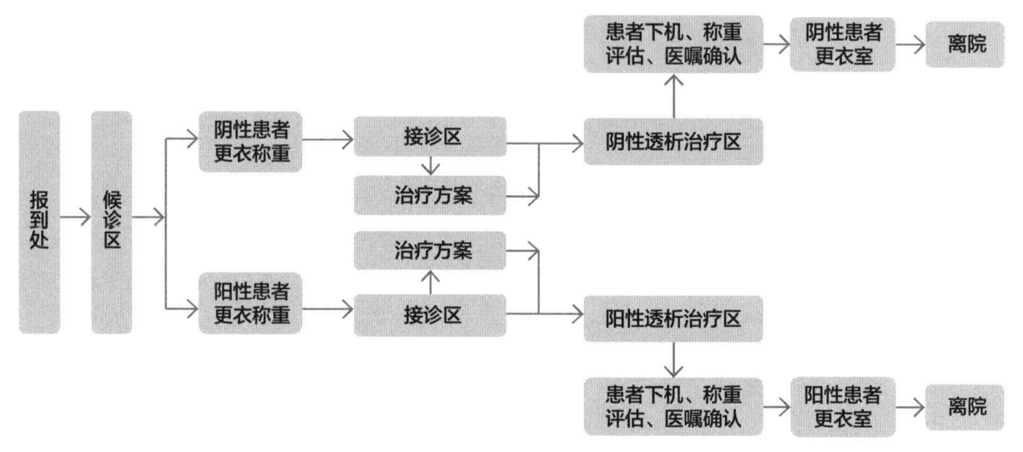

图 3.6.2　患者动线

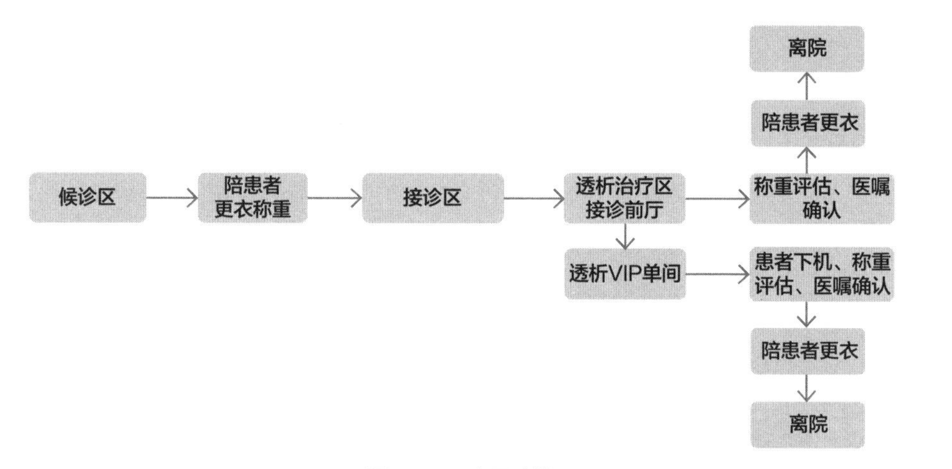

图 3.6.3　家属动线

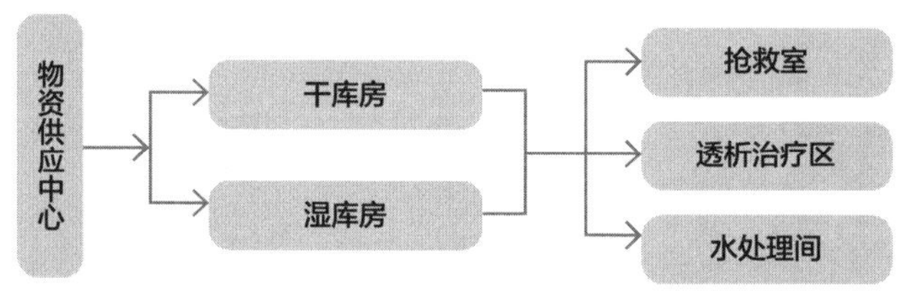

图 3.6.4　洁物动线

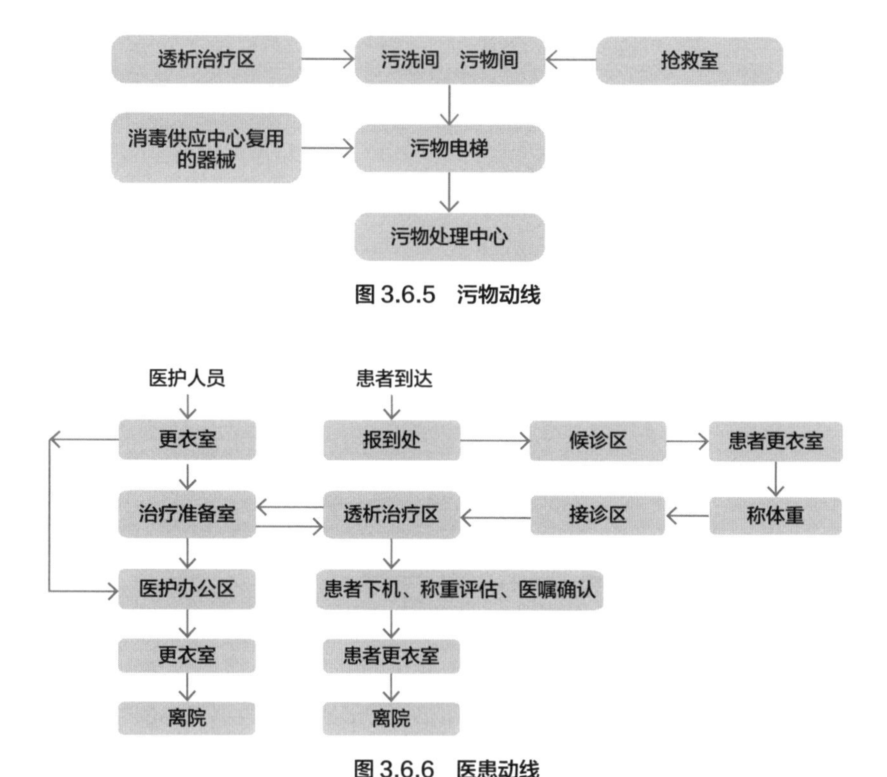

图 3.6.5 污物动线

图 3.6.6 医患动线

6）医患动线（图 3.6.6）

3.7 血液透析中心设计技术要求

各功能房间设计技术要求：

1）候诊区

候诊区大小可根据血液净化中心的实际患者数量决定，以不拥挤、舒适为度。患者进入更衣室更衣换鞋后方能进入接诊室和透析、治疗准备室。

另外，由于患者来医院进行透析治疗多数有家属陪同，治疗时间为 2~6 个小时，时间很长，故应设置家属等候区，可与患者候诊室并设。此空间可以设置智能服务机、报到机、饮水机、电视机、插座、报刊书架等人性化设施，缓解患者家属紧张的情绪。

2）患者更衣室

患者更衣室应设置椅子（沙发）和更衣柜，每人一柜，房间大小根据规模大小决定，且应男女分设，患者更换血液透析室为其准备的拖鞋等用品后方能进入透析治疗区。拖鞋专人专用，并定期清洗，有污染时应按规范要求进行消毒。建议空间尺寸：长 × 宽 × 高 = 5000mm × 3500mm × 2600mm~2800mm。

3）接诊区

接诊区通常设置在准备区，也有少量设置在治疗区，可分为开敞式的集中接诊和一医一患的独立空间两种接诊形式。患者在接诊区进行一系列检查（如测量各项生理指标、称重等）后，经医生诊断，被分配进入相应的治疗区。接诊区内完成的医疗行为是医生和患者共同参与的一般医疗活动，部分需要借助简单的医疗设备和操作型工具。独立空间的接诊区一般为一医一患，需要一定的活动空间，有一定的隔声、隔视的隐私要求，建议空间尺寸：长 × 宽 × 高 = 4100mm × 3000mm × 2600mm~2800mm。

4）护士站

护士站有多种形式，如长方形、L 形、扇形、半圆形、圆形等，设计时按照项目实际情况选择相应护士站形式。护士站一般设置在候诊区与透析治疗区。

候诊区护士站主要功能为接诊、咨询、协助测量血压、体重等。

治疗区护士站应设在便于观察和处理患者及设备操作的地方，备有治疗车（内含血液透析操作必备物品及药品）、抢救车（内含必备抢救物品及药品）及基本抢救设备（如心电监护仪、除颤仪、简易呼吸器等）。

5）治疗准备室

治疗准备室为无菌治疗操作室，准备配药用房。其空气净化指标应达到《医院消毒卫生标准》GB 15982—2012 中规定的对Ⅲ类环境的要求。治疗准备室的功能是配制并存放透析中需要使用的药品。存量较多的透析器、管路、穿刺针等耗材可以在符合《医院消毒卫生标准》GB 15982—2012 中规定的Ⅲ类环境中存放。如果血液透析中心未设置消毒净化机组，则应在治疗室设置空气消毒机，以保证物品存放要求。

治疗准备室应该紧邻护士站。由于需要配置药品，则治疗室内应当设置配药操作台、物品储藏柜。室内墙、地面应便于清扫、冲洗，应使用耐酸碱地面材料。建议空间尺寸：长 × 宽 × 高 = 5100mm × 4800mm × 2800mm。

6）阴性透析治疗区

阴性透析治疗区以大病房为主，便于护士照顾护理，有条件的血液透析中心应设立重症患者抢救间，应配备供氧装置、中心负压接口或可移动负压抽吸装置。每一个透析标准单元应当有电源插座组、反渗水供给接口、废透析液排水接口。面积大小应根据床位数量设计，如 20 床规模则建议空间尺寸：长 × 宽 × 高 =30000mm × 8400mm × 2800mm~3000mm。一台透析机与一张床（椅）称为一个透析标准单元（简称透析单元），透析单元间距按床间距计算不小于 1200mm，实际占用面积宜为 $5m^2$。进户门尺寸建议不小于 1500mm。

患者透析分卧式透析和坐式透析两种，视患者病情情况需要而定。一般每个血液透析患者占一床，床间排列 2100mm 中距，床间隔 1200mm 最为合适，环墙面对面排列，每床旁边配置一套血液透析机相联，上水管 Φ20 管内流经透析液及配液，下水管 Φ30 管内流经病人体内排泄出的有害废液废水。透析治疗区空气净化指标应达到《医院消毒卫生标准》GB 15982—2012 中规定的对Ⅲ类环境的要求，应设置空气消毒机，空调设置加大排风系统，地面使用耐腐蚀性材料并设置防异味地漏。

阴性透析治疗区应当具备双路电力供应。如果没有双路电力供应，则停电时血液透析机应具备相应的安全装置，使体外循环的血液回输至患者体内。

该区还应配备操作用的治疗车（内含血液透析操作必备物品）、抢救车（内含必备抢救物品及药品）及基本抢救设备（如心电监护仪、除颤仪、简易呼吸器）。

7）患者走廊

患者走廊是患者到达各个透析区域的通道，专设此通道可有效避免人员流动混乱。患者走廊建议宽度为 1800~2700mm。推床走廊宽度净宽不应小于 2400mm。

8）VIP 透析间

血液透析中心也可同时设置部分 VIP 单间或套间，满足医院不同患者需求。其内部可设陪护沙发、电视等家具。其他要求与血液透析中心透析单元要求一致。建议单人间尺寸：长 × 宽 × 高 = 4000mm × 4200mm × 2800mm。建议套间尺寸：长 × 宽 × 高 = 8000mm × 4200mm × 2800mm。单人间建议设置观察窗，避免视线盲区，应保证医护人员观察到患者，若出现突发情况时能够及时抢救。注意进户门尺寸不应小于 1300mm。

9）抢救室

对于有条件的血液透析中心，治疗区内应设置抢救室，方便患者突发急性并发症等症状时抢救病人使用。抢救室内配备呼吸机、心电图机、多功能监护仪、输液泵、输液器、吸引器、除颤仪、中心供氧接口或氧气、抢救车及抢救床位。建议空间尺寸：长 × 宽 × 高 = 5400mm × 3800mm × 2800mm。待患者情况稳定后转移到相应科室，注意进户门尺寸不应小于 1500mm。

10）专用手术室（治疗插管室）

须根据实际情况确定是否可以设置专用手术室。专用手术室达不到医院常规手术室要求，仅能进行中心静脉导管置管、拔管、换药和拆线等操作；达到医院常规手术室要求，可进行自体动静脉内瘘成形术和移植血管搭桥造瘘术。手术室装修同医院常规手术室。手术室应考虑设置无菌手术台、无影灯，并配备呼吸机、心电仪、输液设备等。墙壁留有电源和插座，并留出设备管线。地面要求耐酸碱材料。建议空间尺寸：长 × 宽 × 高 =6000mm×4500mm×2800mm。注意进户门尺寸不应小于 1300mm。

11）医护人员办公用房

医护人员办公用房可根据实际情况设置（如办公室、会议室、用餐室、更淋间、值班室等），护士站与医生办公室应尽量靠近，办公室是血液透析中心医护人员日常办公的场所，和医院其他办公室基本相同。

12）医护走廊

医护走廊是医护人员到达各个区域的通道，专设此通道可有效避免交叉污染。医护走廊建议宽度为 1800~2700mm。

13）医护卫生间

医护卫生间是服务于医护人员的专用卫生间，严禁设立在治疗区内。建议空间尺寸：长 × 宽 × 高 =2100mm×1800mm×2600mm。

14）干库房

透析器、管路、穿刺针及透析粉等耗材应在干库房存放，干库房应符合《医院消毒卫生标准》GB 15982—2012 中规定的Ⅲ类环境。建议空间尺寸：长 × 宽 × 高 =4500mm×3000mm×2800mm。

15）湿库房

设置在血液透析洁净区，透析液、透析干粉、生理盐水存放在湿库房。

湿库房设置应符合《医院消毒卫生标准》GB 15982—2012 Ⅲ类环境规定；湿库房应通风良好，安置空调，保持适应的温度。建议空间尺寸：4500mm×3000mm×2800mm。

16）配液间

配液间应位于血液透析中心清洁区内相对独立的区域，周围无污染源，符合《医院消毒卫生标准》的Ⅲ类环境。配液间应保持环境清洁，房间的选择应满足供液系统安装的要求。

配液间面积应为中心供液装置占地面积的 1.5 倍以上，周围要有足够的空间进行设备检修及维护，地面承重应符合设备要求，地面应进行防水处理并设置地漏。

17）备用库房

备用库房是用来暂时存放复用物品，内部布置物品存放柜。建议空间尺寸：长 × 宽 × 高 =3000mm×2500mm×2400mm。

18）水处理间

水处理间面积应为水处理装置占地面积的 1.5 倍以上；地面承重应符合设备要求；地面应进行防水处理并设置地漏。

水处理间应维持合适的室温，并有良好的隔声和通风条件。水处理设备应避免日光直射，放置处应有水槽。

水处理机的自来水供给量应满足要求，入口处安装压力表，压力应符合设备要求。

19）污物间

主要用于暂时存放生活垃圾和医疗废弃品，且要做到分开存放，单独处理。医疗废弃品包括使用过的透析器、管路、穿刺针、纱布、注射器、医用手套等。

如果透析治疗区为开放设置，可在护士站周边设置处置室，同时设置在治疗室一侧；并在治疗室与处置室的公墙上离地面 80cm 处开 40cm×30cm 的长方形窗口，便于污物传输，也减少相应感染风险，用铝合金移门封住，护士在治疗台上配制药液时产生的医疗垃圾等通过该窗口落入处置室内污物筒内；如果透析间分区设置，则在各个空间内设置操作台，方便配液和管理。室内墙、地面应便于清扫、冲洗，使用耐酸碱地面材料，需设有水池、垃圾桶。建议空间尺寸：长 × 宽 × 高 = 3200mm×3000mm×2700mm。

20）污洗间

透析治疗过后的器材、用具等在此进行清洗、灭菌处理后，传递入污物电梯或者存贮间。需要设置洗刷池等设施，地面墙面材料选择防水耐酸碱材料。建议空间尺寸：长 × 宽 × 高 = 3400mm×2600mm×2700mm。

21）污物走廊

污物走廊是治疗后使用的医疗废弃物及用具离开治疗区的通道，属于污染区，专设此通道可有效避免交叉污染。污染走廊建议宽度为 1200~1800mm，不宜过宽而占据医院有限空间。

22）阳性透析治疗区

血液透析中心应设立传染病阳性透析治疗区（对乙型和丙型肝炎病毒、梅毒和 HIV 的患者，以及肺结核等呼吸道传染患者，应当安排在阳性透析治疗区）。该区根据治疗需求设置，房间大小根据床位而定，其他要求与阴性透析治疗区一致。

3.8 感染控制基本设施要求

血液透析中心的布局和流程应满足工作需要，符合医院感染控制要求，区分清洁区、半清洁区和污染区。

应在血液透析治疗区内设置供医务人员手卫生的设备，如水池、非接触式水龙头、消毒洗手液、速干手消毒剂、干手物品或设备。

应配备足够的个人防护设备，如手套、口罩、工作服等。

阳性患者必须分区分机进行隔离透析，感染病区的机器不能用于非感染病患者的治疗，应配备感染患者专用的透析操作用品车。

护理人员应相对固定，照顾阳性患者的护理人员不能同时照顾阴性患者。

感染患者使用的设备和物品如病历、血压计、听诊器、治疗车、机器等应有标识。

建议 HIV 阳性或确诊传染性梅毒的血液透析患者到指定传染病专科医疗机构或卫生健康行政部门指定的医疗机构接受透析治疗，或进行居家透析治疗。

合并活动性肺结核的血液透析患者应在呼吸道隔离病房或到指定医疗机构接受透析治疗。

呼吸道传染病感染高峰期期间，透析前应对患者进行体温检测等预检分诊措施，可疑和确诊患者应在呼吸道隔离病房或到指定医疗机构接受透析治疗。

每班次透析结束后，透析治疗室 / 区应通风，保持空气洁新。每日透析结束后应进行有效的空气净化 / 消毒。

Chapter 4

血液透析中心建筑功能分区及动线关系

根据第 3 章，血液透析中心设计着重在于解决如何让空间更具人性化，减少患者和医护人员在透析前后以及整个诊疗过程中受累于分区布局不成熟、动线不合理的情况，帮助其缓解身体上的劳累和心理的消极情绪。

本章在医院设计一级、二级流程基础上细化三级流程，通过三级流程反推优化二级流程，从功能分区、平面布局、活动动线等方面，采用不同的设计手段，呈现不同的空间效果，让患者和医护人员快捷且方便地到达治疗区域，从各方面减轻医患人员心理及生理上的负担，从而实现血液透析中心的人性化设计。

4.1 血液透析中心床均单元面积占比分析

床均建筑面积是指每组透析单元床位可以分摊到的整个科室的建筑面积，是一个平均值，不作为实际使用面积。以下将着重分析 6 个项目案例（表 4.1.1）。

表 4.1.1 床均建筑面积统计表

项目名称	设计时间（年）	科室总面积（m^2）	床位数（床）	床均建筑面积（m^2/床）
深圳某民营医院血液透析中心	2021	1327	43	31
北京怀柔某三甲医院血液透析中心	2020	2251	81	28
北京某三甲医院血液透析中心	2021	1546	57	27
首都医科大学某医院血液透析中心	2021	1586	67	24
北京大学某医院血液透析中心	2021	1670	56	30
福建平和某三甲医院血液透析中心	2021	1281	44	29

通过分析功能较为完善、使用情况良好的血液透析中心实例，我们发现血液透析中心床均单元面积宜设在 27~30m^2 之间，用于设计参考。

4.2 血液透析中心平面组织形式

4.2.1 血液透析中心内部区域划分及内部空间组成

从民营综合医院、公立综合医院，这些不同类型医院的血液透析中心功能分区、各区域面积及医患动线的排布，其常规设置均为“三区三通道”的模式。“三区”分为准备区、治疗区、办公及辅助区，“三通道”分为医护通道、患者通道、物品通道（表 4.2.1）。

以下为对几种类型医院中血液透析中心“三区三通道”设置情况的分析：

1）深圳某民营医院血液透析中心案例

本案例属于民营医院血液透析中心（图 4.2.1），设置 43 个透析单元，其中开敞阴性透析治疗区 32 床，5 个单人间；阳性透析治疗区 5 床，呼吸道感染透析间 1 个。治疗区域面积共计 821m^2。

表 4.2.1 空间区域划分表

科室	区域	空间组成
血液透析中心	准备区	报到处、候诊区、更衣区、接诊区、公共卫生间等
	治疗区	阴性及阳性透析治疗室、治疗准备室、护理单元、专用手术室、抢救室等
	办公及辅助区	医生办公室、主任办公室、护士站办公室、工程师办公室、会议室、更衣室、淋浴间、值班室、水处理间、配液间、干库房、湿库房、浓缩液库、清洁库房、污物间、污洗间等

图 4.2.1 深圳某民营医院血液透析中心

本案例血液透析中心布局较为方正，普通透析床集中在同一个透析治疗区内，另有独立单人间，满足不同需求的患者。并设置了独立的阳性透析治疗区，与阴性患者完全分开。

2）北京怀柔某三甲医院血液透析中心

本案例属于公立医院的血液透析中心（图 4.2.2），共设置 79 个透析单元，其中阴性透析治疗区 69 床、4 个单人间、阳性透析治疗区 6 床，治疗区域面积共计 1289m^2。

本案布局方式为单元式，床位排布为双面式，包括准备区、治疗区，办公及辅助区及三个通道，整体布局合理，从接待区患者分别到达阴性、阳性透析治疗区，床与床之间尺寸预留符合 1200mm 间距，

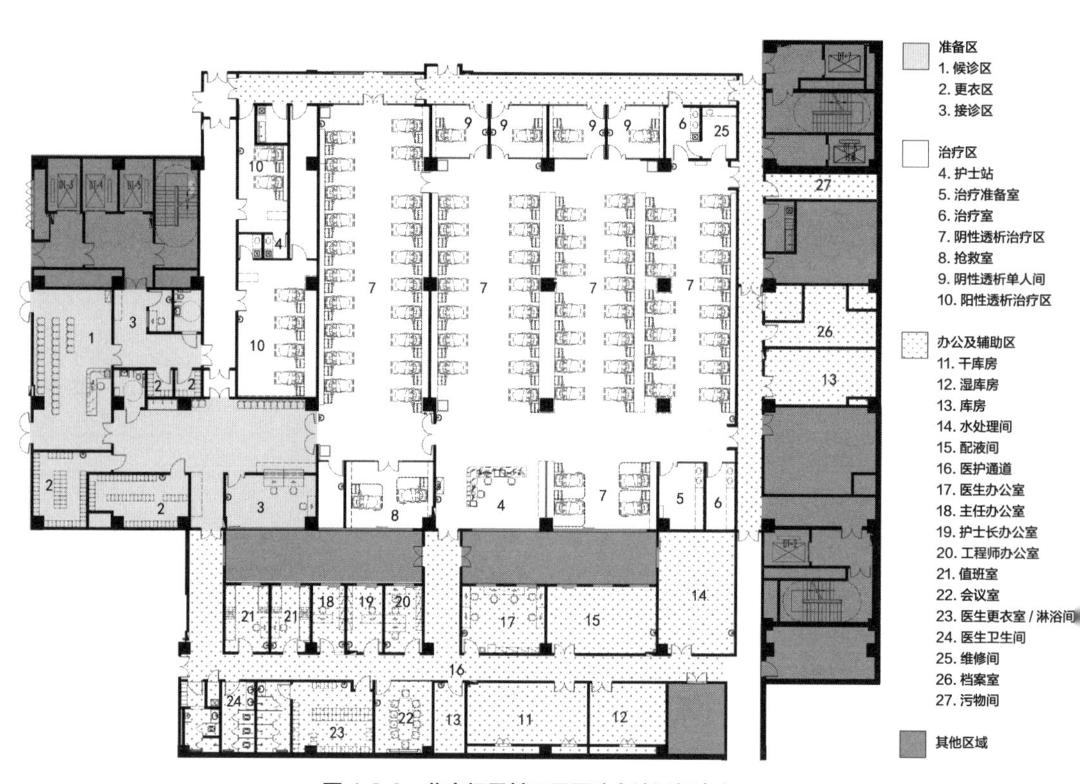

图 4.2.2　北京怀柔某三甲医院血液透析中心

护理单元设置于透析治疗区的中间位置，方便患者呼叫医生，也方便医护观察患者情况。这种办公及辅助区比较集中的设计，对医护人员和患者一起实现了人性化的关怀。

3）北京某三甲医院血液透析中心

本案例属于公立医院的血液透析中心（图 4.2.3），共设置 56 个透析单元，其中阴性透析治疗区 48 床、阳性透析治疗区共 8 床，治疗区域面积共计 770m²。

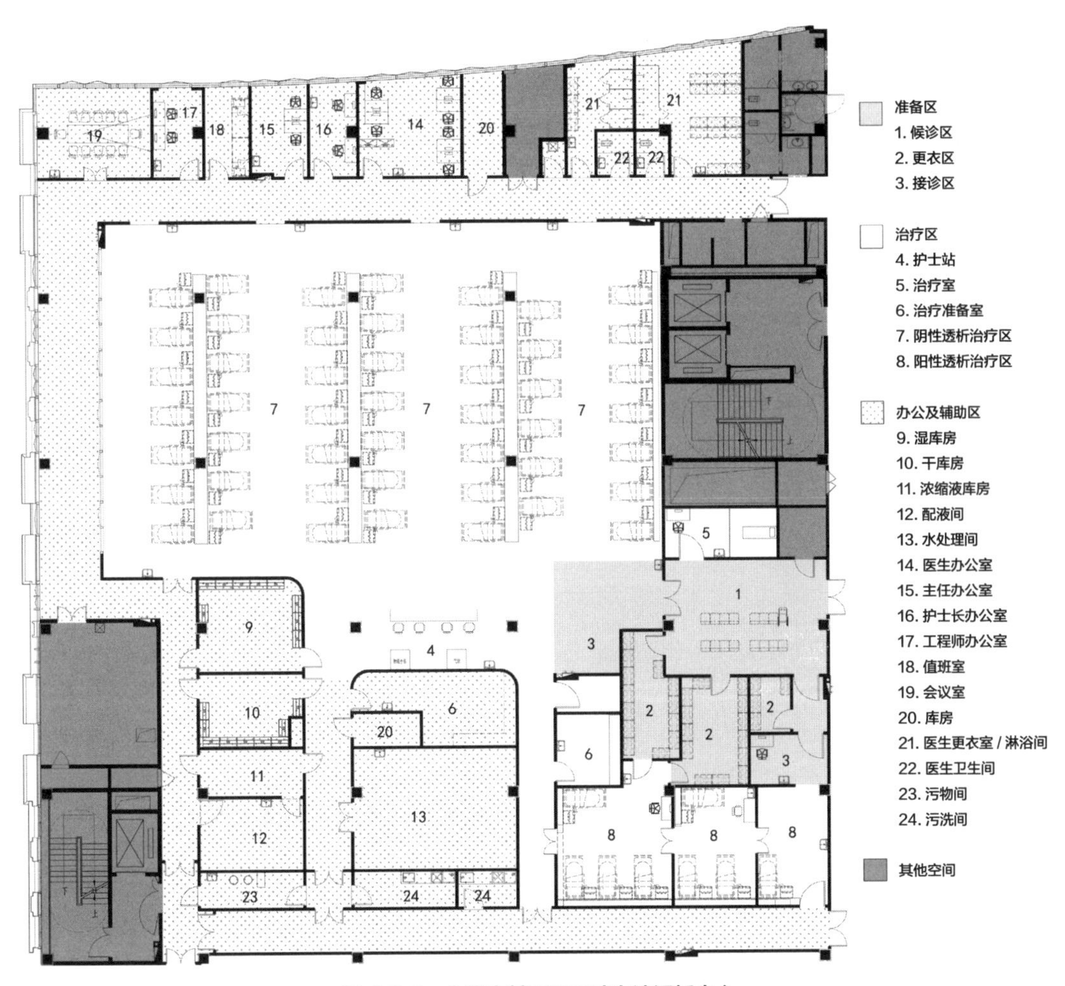

图 4.2.3　北京市某三甲医院血液透析中心

本案属于典型的单元式排布方式，床位布局属于双面式，设有独立的阳性透析治疗区，各分区布置合理。本案功能布局按三区、三通道划分，清洁区域、半清洁区域与污染区域用门或缓冲区隔离，按照“洁污”的动线顺序严格执行。

4）首都医科大学某医院血液透析中心

本案例属于公立医院的血液透析中心（图 4.2.4），透析中心分阴性、阳性透析治疗区域，共设置 64 个透析单元，其中 44 个开放式透析单元、2 间单人间、12 个开放式 VIP 透析单元、阳性透析治疗区共 6 床，治疗区域面积共计 998m^2。

本案例受建筑制约，阳性透析区设置在独立的一侧，整体功能布局按照三区、三通道设置。根据经营需求设有 VIP 透析区，每个透析单元独立设置，满足部分患者要求，此设计更好地保证了患者隐私，提升了患者就诊体验。

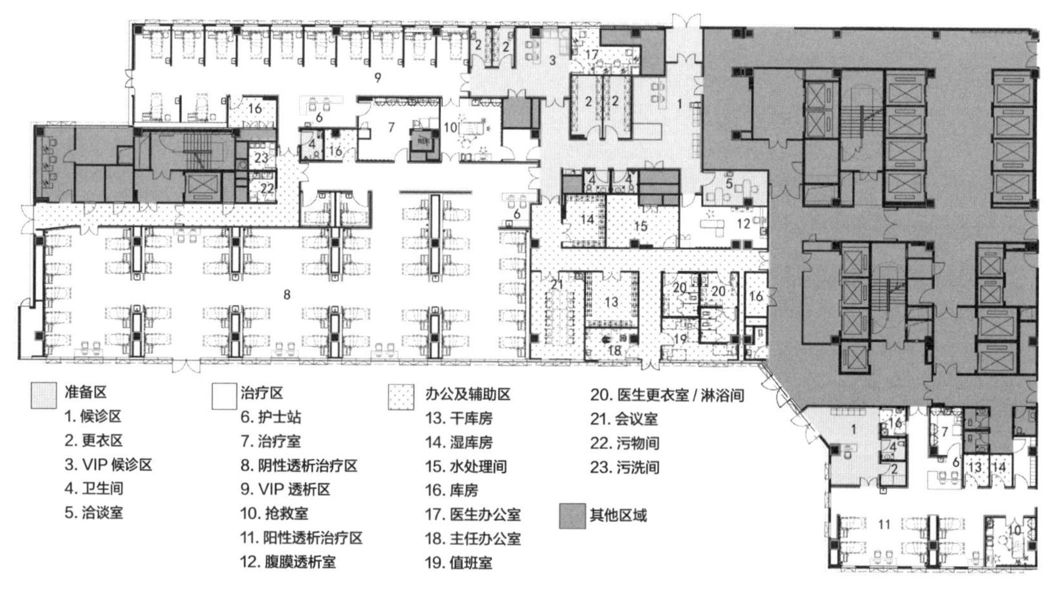

图 4.2.4　首都医科大学某医院血液透析中心

5）北京大学某医院血液透析中心

本案例属于公立医院的血液透析中心（图 4.2.5），透析中心共 55 个透析单元，其中阴性透析治疗区 48 个开放式透析单元、2 个丙肝阳性透析治疗区、3 个乙肝阳性透析治疗区、2 个腹膜治疗室。治疗区域面积共计 899m^2。此案例根据需求设置有抢救室，整体平面布局满足三区、三通道功能要求。

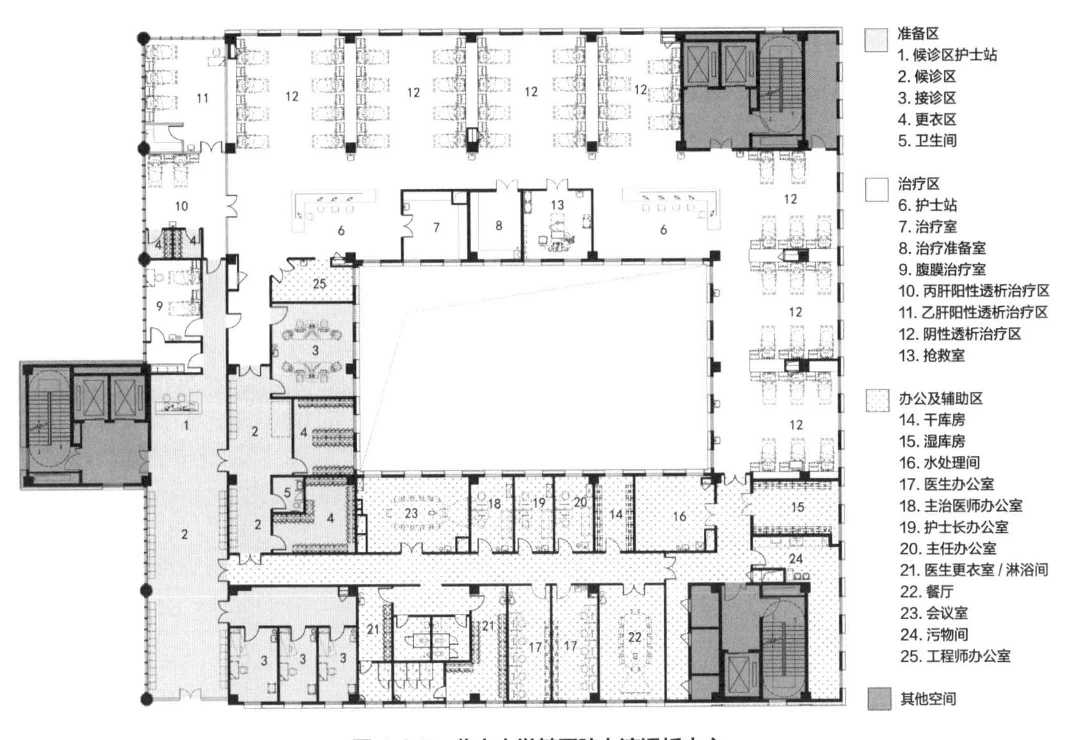

图 4.2.5 北京大学某医院血液透析中心

6）福建平和某三甲医院血液透析中心

本案例属于公立医院的血液透析中心（图 4.2.6），透析中心划分为阴性、阳性透析治疗区，共 43 个透析单元，其中 39 个阴性开放式透析单元、4 个阳性透析单元。治疗区域面积共计 637m^2。此案例血液透析中心的特点是面积相对偏小，功能及流程满足使用要求。

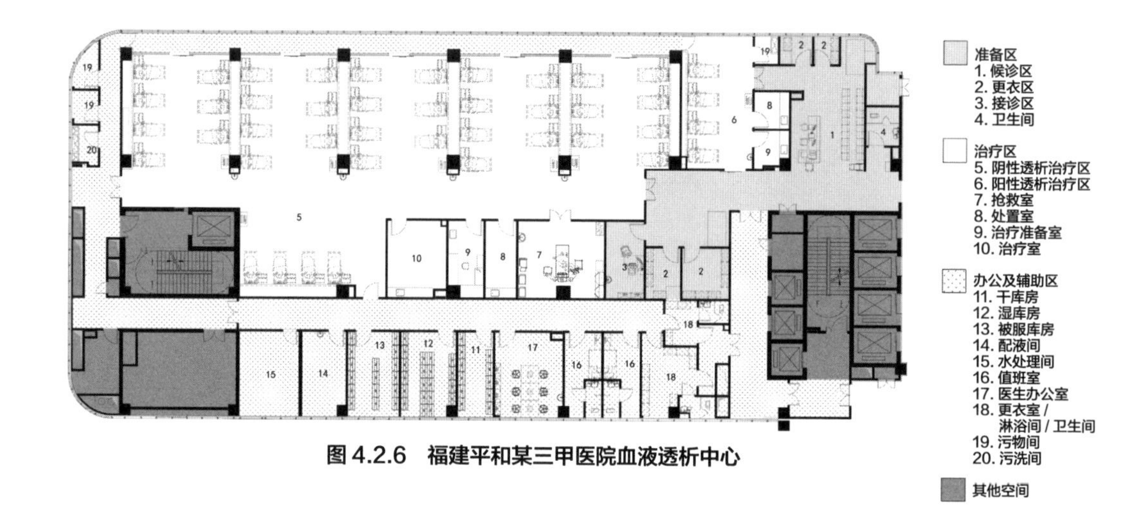

图 4.2.6　福建平和某三甲医院血液透析中心

4.2.2 血液透析中心动线

血液透析中心动线分医护动线、患者动线、家属动线、洁物动线、污物动线等。医护动线、患者动线呈放射型或循环型，不宜过长、弯曲。过长的医护动线、患者动线不利于使用，会增加医护人员工作时间及强度，还会增加医护人员数量，增加运营成本。

洁物动线、污物动线尽量减少与医护动线、患者动线、家属动线的交叉，提升运营品质及管控效果。

下文将以几个医院为例，分析其血液透析中心医护动线与患者动线的设置情况。

1）深圳某民营医院血液透析中心

患者动线分三个方向，阴性患者、阳性患者为同一入口，患者进入更衣区，经过称重区域后，分别到达阴性透析治疗区、阳性透析治疗区。为防止呼吸类疾病患者交叉感染，呼吸类疾病患者从楼宇外侧设置单独入口进入（图 4.2.7）。

入口处护士站，面向候诊区，护士站观察视线开阔，便于完成患者咨询与接诊工作。

治疗区设置观察台及洗手台，方便医护人员，减少动线距离，满足了医护人员洗手需求。

医护人员进入更衣区域，经过医护走廊、缓冲区域进入办公后勤区，然后经过医护走廊进入治疗区；也可通过右侧出口到达 VIP 透析单人间治疗区及阳性透析区。

污物经过独立污物通道到达污物储存区，经过污物电梯送达医院垃圾集中处理区。

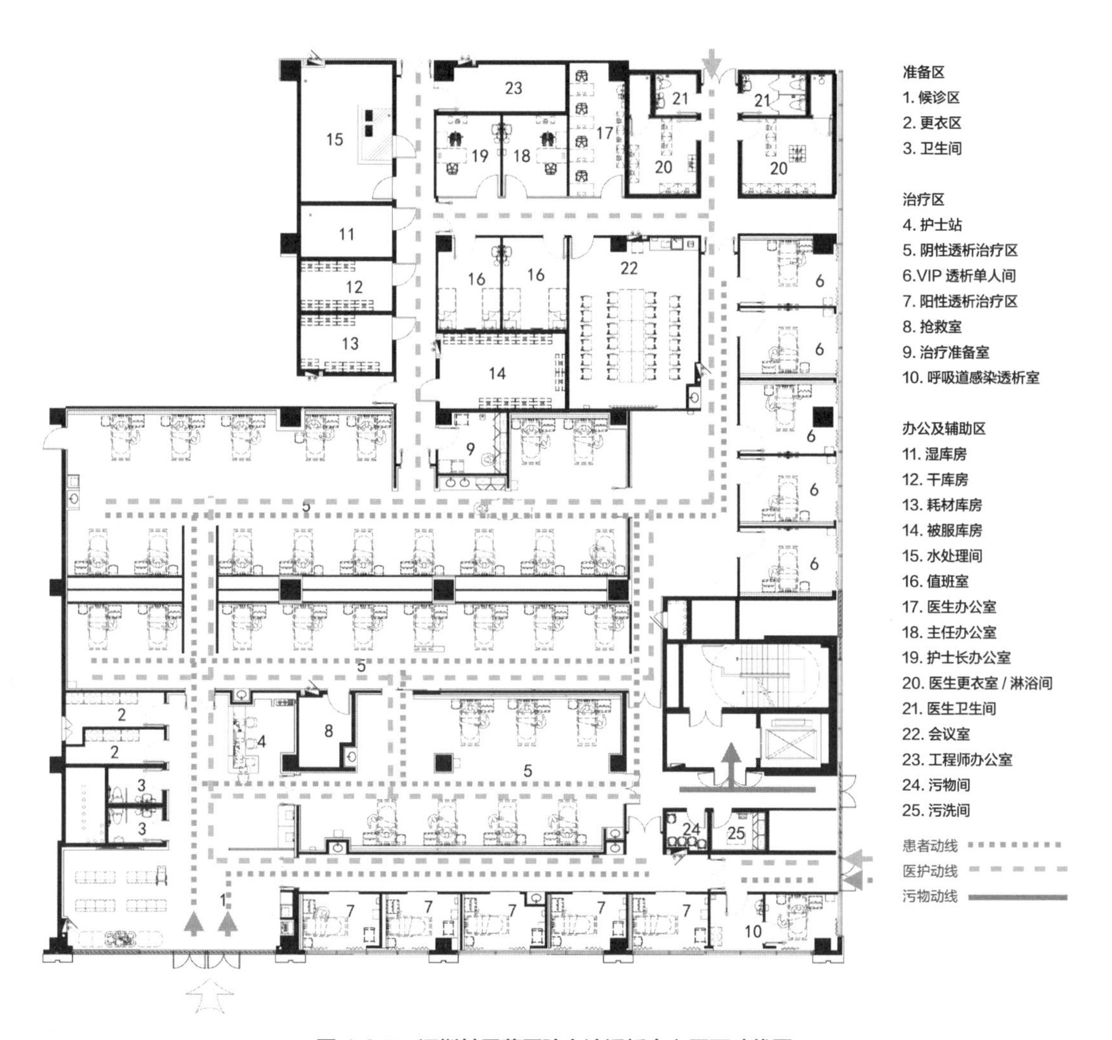

图 4.2.7 深圳某民营医院血液透析中心平面动线图

2）北京怀柔某三甲医院血液透析中心

患者动线分两个方向，阴性患者、阳性患者为不同入口。患者从候诊大厅分别进入阴性、阳性不同更衣区，更衣后在接诊室经过称重，然后分别到达阴性透析治疗区、阳性透析治疗区。该透析中心为阴性患者与阳性患者完全独立的治疗空间模式，此设计提升了患者隐私及就诊安全（图 4.2.8）。

护士站需要服务于整个治疗区域，因本案例阳性透析治疗区面积较小，护士站位于阴性透析治疗区，阳性透析治疗区设置观察台，满足其患者呼叫就医需求。从接待区、阴性透析治疗区护士站，保证患者有较为舒适的环境接受治疗，减少两者在治疗过程中遇到的阻碍，提高透析中心整体的治疗环境。

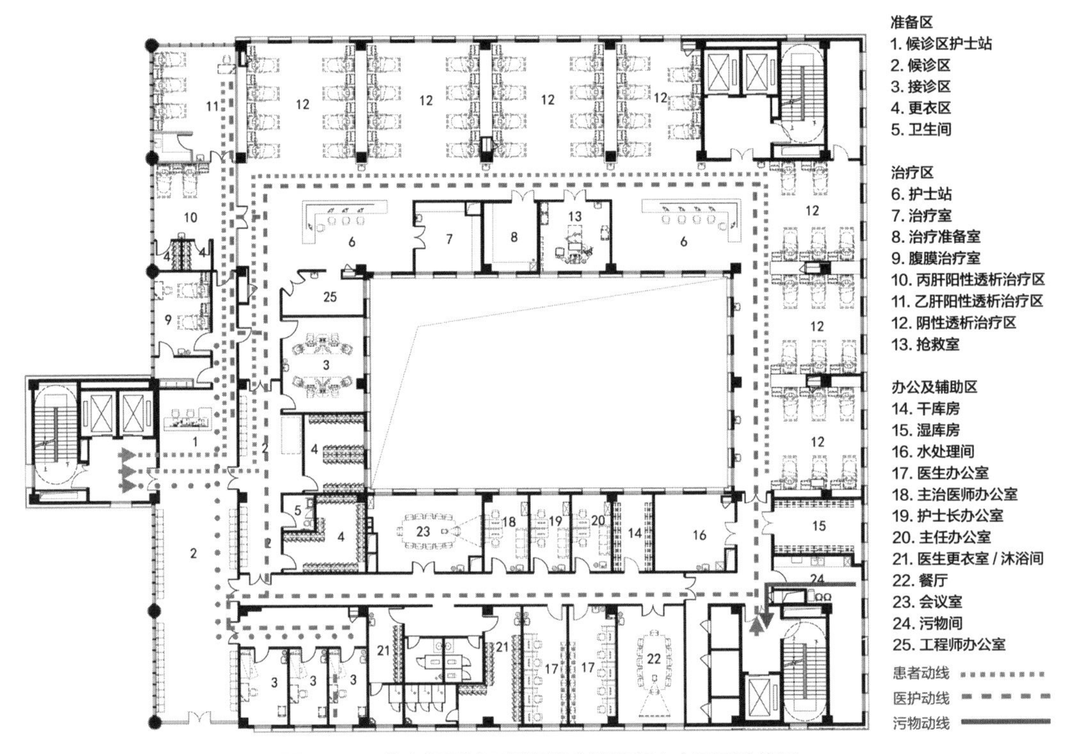

图 4.2.8　北京怀柔某三甲医院血液透析中心平面动线图

医护人员通过医护电梯进入更衣区域，经过走廊、缓冲区域进入治疗区域，然后到达办公后勤区，通过后勤区三个通道可以进入不同的治疗区域。

污物经过独立污物通道到达污物储存区，经过污物电梯送达医院垃圾集中处理区。

3）北京某三甲医院血液透析中心

该案例与上一案例相似，患者动线分两个方向，阴性患者、阳性患者为不同入口，患者从候诊大厅分别进入阴性、阳性不同更衣区，更衣后经各自区域称重，分别到达阴性透析治疗区、阳性透析治疗区。阴性患者与阳性患者完全独立的治疗空间模式，此设计提升了患者隐私及就诊安全（图 4.2.9）。

护士站在整个治疗区相对中心位置，在治疗准备室面向治疗区的墙面开启玻璃观察窗，实现医患的双向保证，降低患者的顾虑。同时护士站至尽端床位的距离控制在 20m 以内，从距离上降低了医护人员的工作强度，缩短了与患者的距离，使患者、医护两方在整个治疗过程中，从生理和心理上都降低了强度及焦虑，达到了人性化设计。

阳性透析治疗区设置护士观察站，调整透析单元床位的摆放，平衡房间床位数量，阳性透析治疗区设有玻璃隔断，侧向即可观察所有床位，减少医护人员巡检次数，降低工作负荷。患者可以同医护人员面对面，从心理上减少治疗过程中的焦虑。

医护人员通过医护电梯进入更衣区域，经过走廊、缓冲区域进入治疗区域，然后到达办公及后勤区，通过后勤区三个通道可以进入不同的治疗区域。

污物经过独立污物通道到达污物储存区，经过污物电梯送达医院垃圾集中处理区。

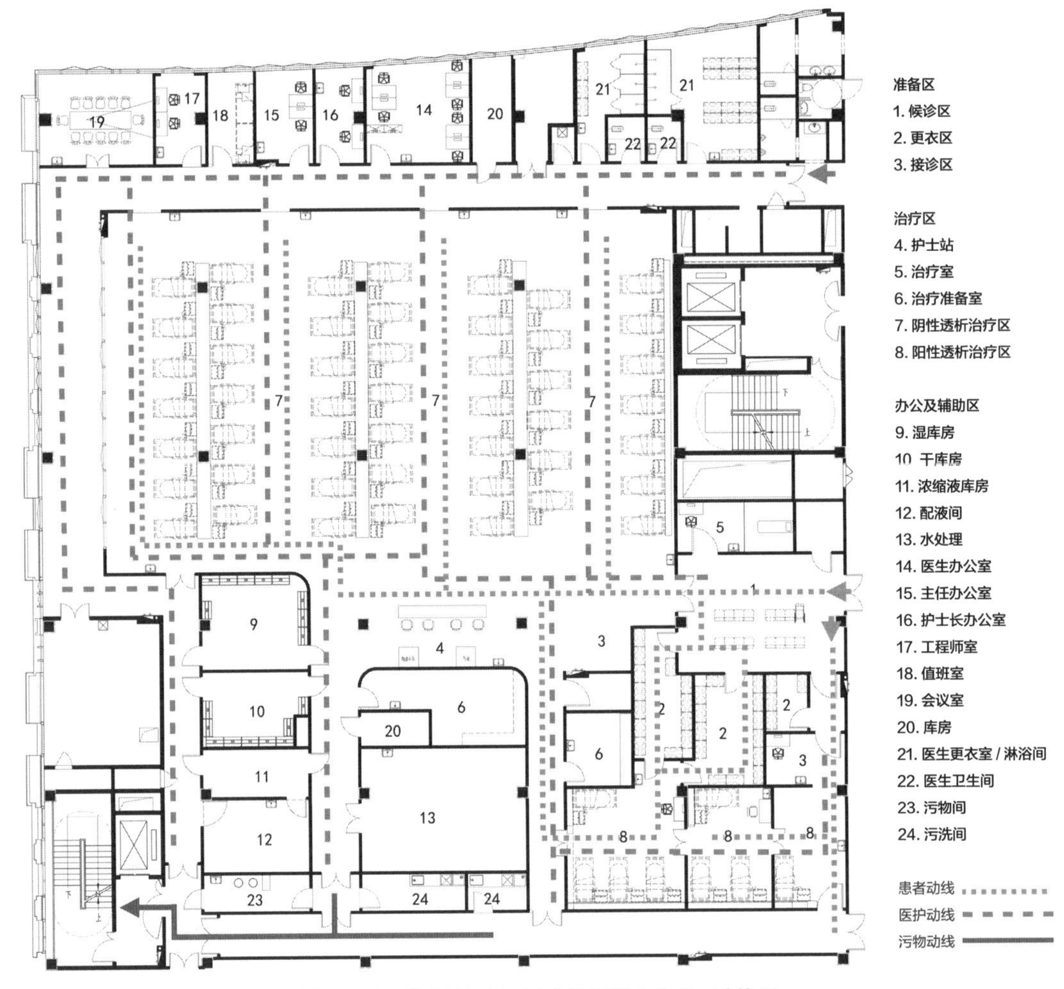

图 4.2.9 北京某三甲医院血液透析中心平面动线图

4）首都医科大学某医院血液透析中心

患者动线分四个方向，阴性患者、阳性患者为不同独立入口，阴性区域又设置了阴性透析治疗区、VIP 透析区、腹膜透析治疗区，患者从候诊大厅分别进入不同更衣区，更衣后经各自区域称重，然后分别到达阴性透析治疗区、阳性透析治疗区。本案例采取了阴性患者与阳性患者完全独立的治疗空间模式，另有 VIP 透析区独立设置，提升了患者隐私及就诊体验（图 4.2.10）。

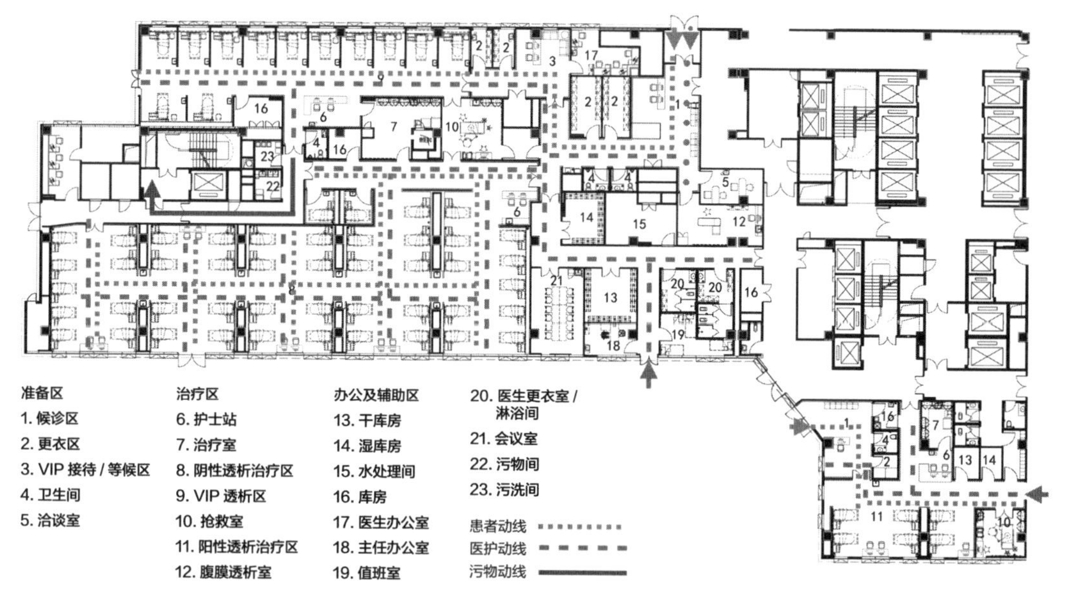

图 4.2.10 首都医科大学某医院血液透析中心平面动线图

护士站设置在就诊大厅入口或者中间位置，且在阴性透析治疗区不同的治疗单元设置了医护人员工作位及洗手池，在 VIP 透析区留有宽敞的通行空间，保证医护人员一人可观察多个角度，能第一时间观察患者情况，减少医护人员视线阻碍，大大降低了患者就诊风险。从患者角度，能在自己的角度看到医护人员对于心理上也是一种安慰，降低在血液透析过程中的紧张程度，从而更加配合治疗。

医护人员通过一层医护入口进入更衣区域，经过走廊、缓冲区域进入治疗区域，然后到达办公及后勤区，通过后勤区通道可以进入不同的治疗区域。

污物经过独立污物通道到达污物储存区，经过污物电梯送达医院垃圾集中处理区。

5）北京大学某医院血液透析中心

患者动线分两个方向，阴性患者、阳性患者为不同独立入口，阴性区域又设置了阴性透析治疗区，患者从候诊大厅分别进入不同更衣区，更衣后经区域称重，然后分别到达阴性透析治疗区、阳性透析治疗区。该案例采用了阴性患者与阳性患者完全独立的治疗空间模式（图 4.2.11）。

护士站设置在治疗区一侧，且在阴性透析治疗区设置医护人员工作位及洗手池，阴性透析治疗区与阳性透析治疗区分区材料用玻璃隔断，保证医护人员可观察多个角度，能第一时间观察患者情况，拓宽了医护人员视野，大大降低患者就诊风险。

医护人员通过医护电梯进入后勤办公区，更衣后，经过走廊，然后通过后勤区通道可以进入不同的治疗区域。

污物经过独立污物通道到达污物储存区，经过污物电梯送达医院垃圾集中处理区。

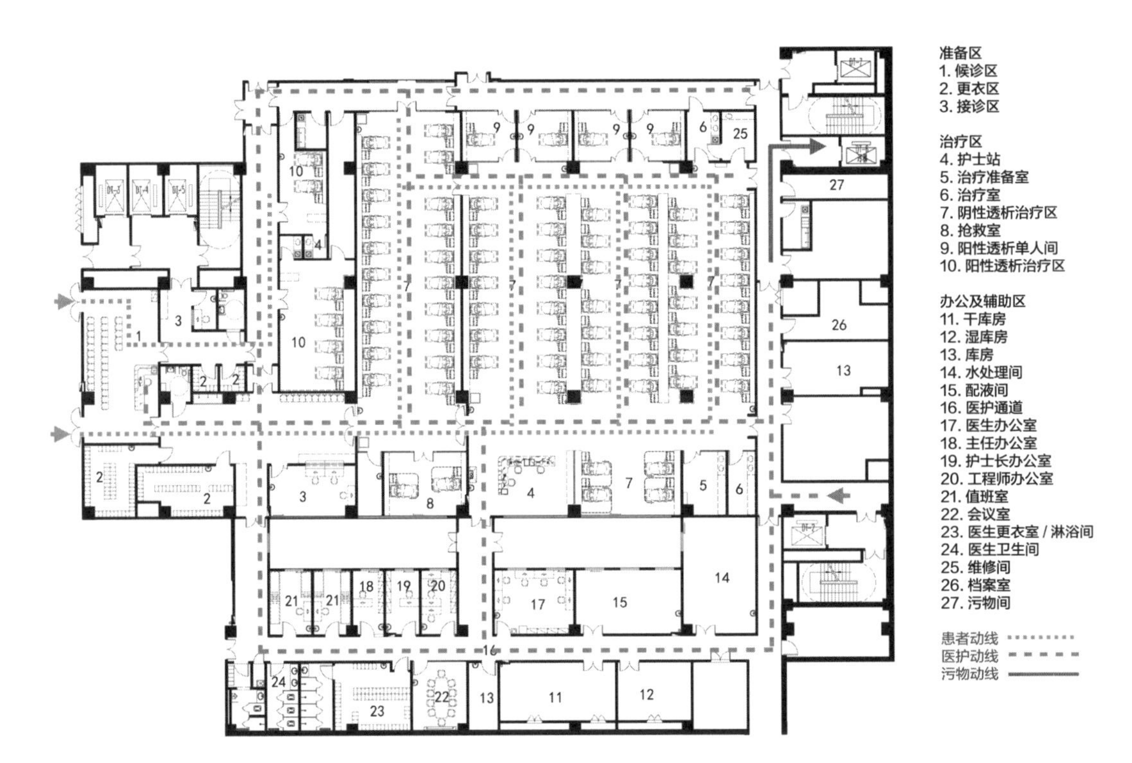

图 4.2.11　北京大学某医院血液透析中心平面动线图

6）福建平和某三甲医院血液透析中心

患者动线需要经过接诊区，通过更衣称重后，进入不同透析区（图 4.2.12）。

患者动线分两个方向。阴性患者及阳性患者为同一个入口，通过候诊区护士站报到，更衣称重后经接诊到达不同的治疗区。本案例的护理单元设置在治疗区便于观察的独立房间——治疗室内，其中设置了医护办公台及洗手池和观察窗，方便医护人员观察治疗区的患者，也满足了医护需求，其独立的空间也为医护人员提供良好的工作环境，体现了人性化的设计。

医护人员通过医护电梯进入办公及辅助区，更衣后，通过医护走廊可以进入不同的治疗区。

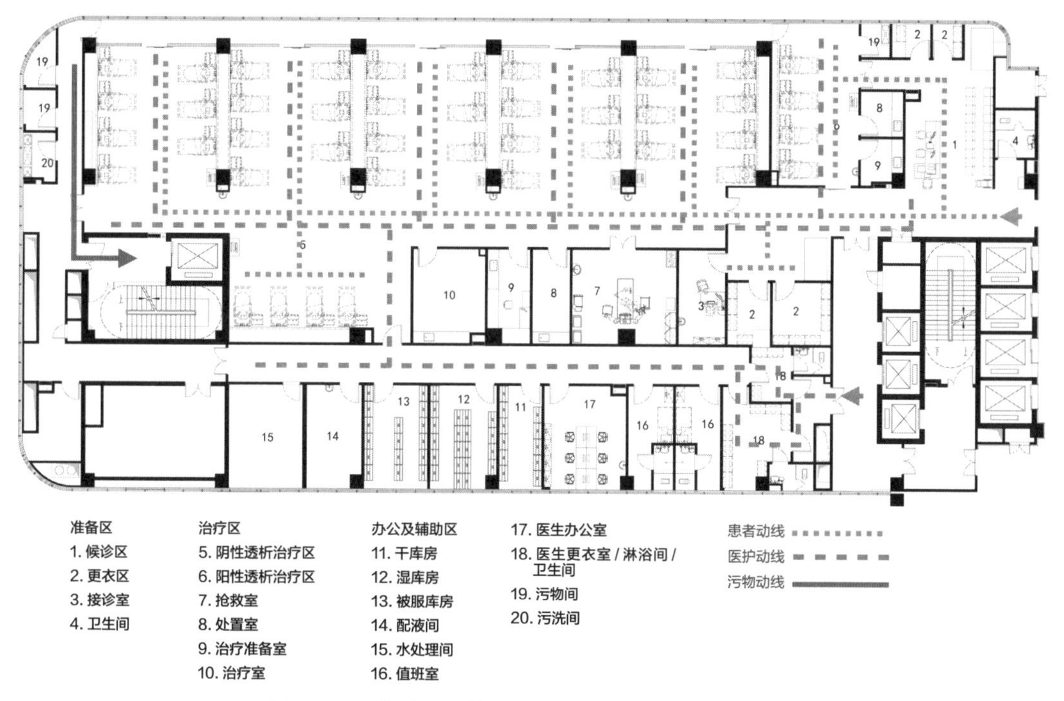

图 4.2.12　福建平和某三甲医院血液透析中心平面动线图

污物经过独立污物通道到达污物储存区，经过污物电梯送达医院垃圾集中处理区。

4.3 血液透析室内设计及设备配置

4.3.1 候诊区

候诊区是为患者及家属提供等待和休息的场所，采用分设阳性通道、阴性通道、电子叫号等方式进入治疗区域（图 4.3.1~ 图 4.3.6、表 4.3.1~ 表 4.3.4）。候诊区往往是人流密集、声音嘈杂的场所。因此候诊区域的环境、面积、设施、服务等因素直接影响着就诊秩序和患

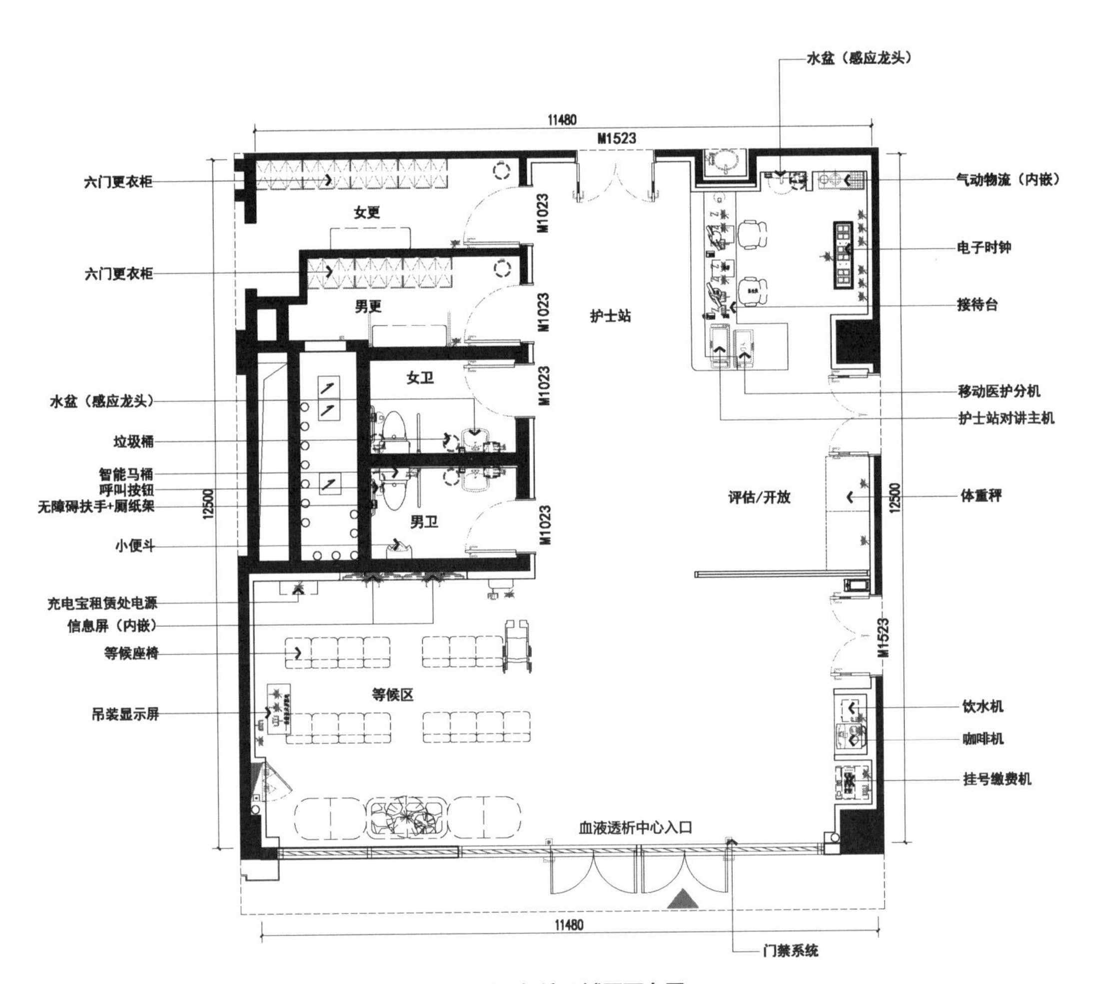

图 4.3.1　候诊区域平面布置

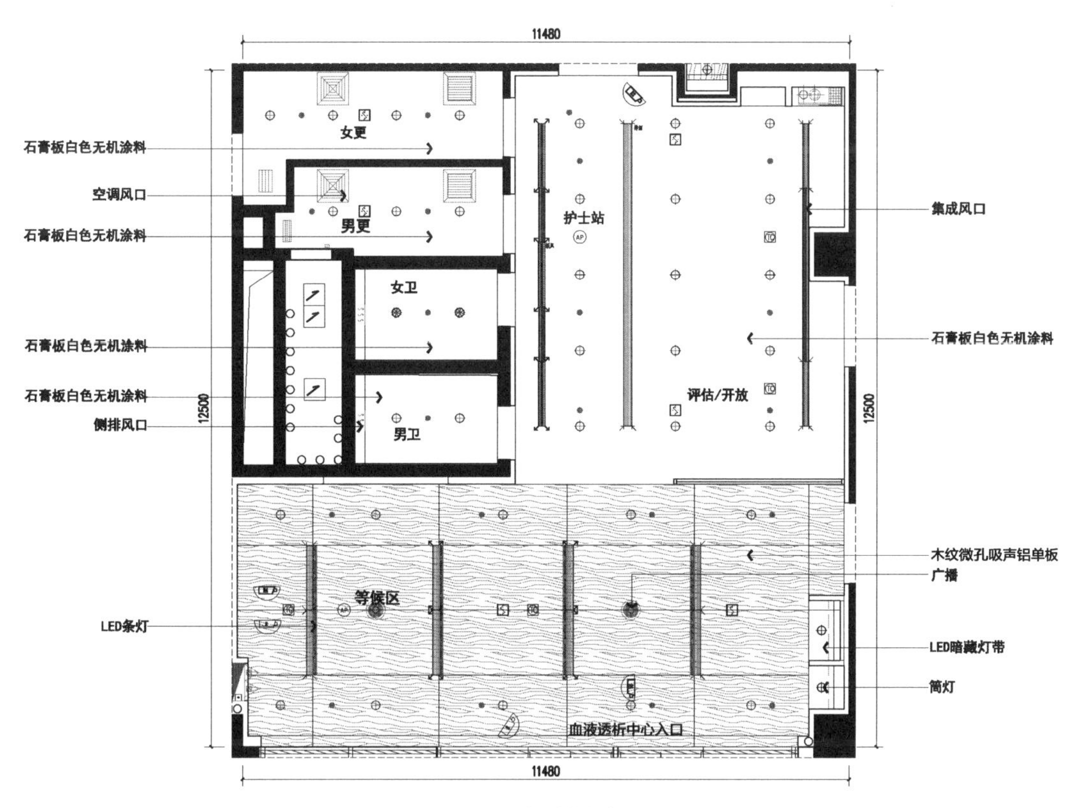

图 4.3.2 候诊区域综合吊顶图

图 4.3.3 候诊区域效果 1

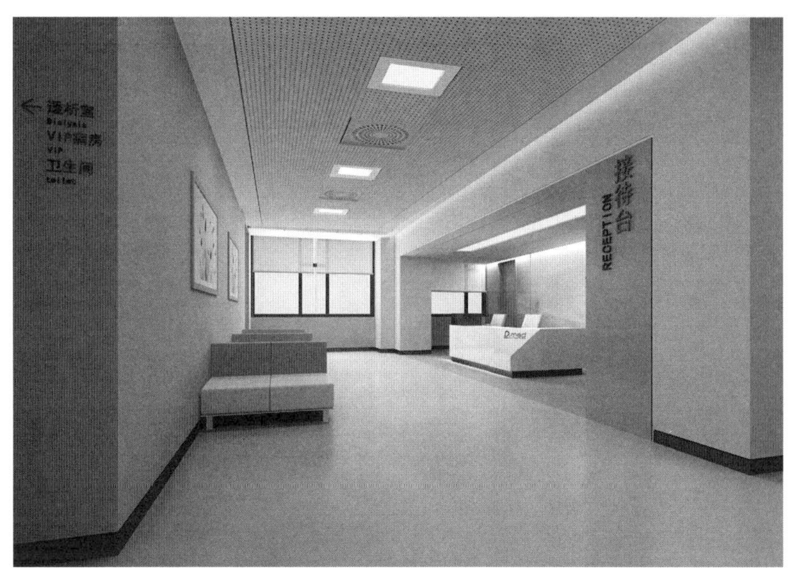

图 4.3.4　候诊区域效果 2

图 4.3.5　候诊区域效果 3

图 4.3.6　候诊区域效果 4

者的情绪。候诊区设计要注意以下要点。

1）候诊座椅数量可根据患者高峰期门诊量、陪护系数、透析床位数量及就诊时间进行推算，根据《综合医院建筑设计规范》GB 51039—2014 要求，利用走廊候诊时，单侧候诊走廊净宽度不应小于 2400mm，两侧候诊走廊净宽度不应小于 3000mm。

2）可在墙面设置专科医疗知识宣传资料展示、媒体视频等，方便患者在等候时观看，同时获取健康宣讲知识。

3）为患者创造合理、舒适的就医环境，有利于维持良好的候诊秩序，减轻患者在等候中的负面情绪，避免就诊时的混乱和拥挤，增加患者信任度和满意度。

表 4.3.1　候诊区域室内装修材料建议清单

序号	使用位置	材质	规格	防火等级	备注
1	顶面	双层石膏板无机涂料	厚度 9.5mm	A 级	可根据实际情况选择吸声材料，吊顶标高建议设置为 2800~3000mm
		微孔铝板（纹理）	厚度 16mm（瓦楞板、蜂窝板）	A 级	可根据实际情况选择吸声材料，吊顶标高建议设置为 2800~3000mm
		成品块板材料	厚度 12~16mm	A 级	可根据实际情况选择吸声材料，吊顶标高建议设置为 2800~3000mm
2	墙面	抗菌树脂板	厚度 2~8mm	A 级	
		瓷砖 / 人造石	厚度 4~20mm	A 级	
3	地面	弹性地材	厚度 2~3mm	B_1 级	
		防滑人造石	厚度 20mm	A 级	
		防滑地砖	厚度 10mm	A 级	
4	踢脚	弹性地材	厚度 2mm 高 100mm	B_1 级	
		不锈钢踢脚	厚度 1.2mm 高 80mm	A 级	
		瓷砖	厚度 10mm	A 级	

表 4.3.2　候诊区域服务控制参数

序号	限定值	数值	备注
1	照明常规照度（Lux）	300	
2	照明色温参数（K）	4500	
3	照明显色指数（Ra）	≥ 80	
4	照明眩光值	19	
5	日间噪声 [dB（A）]	≤ 50	
6	生活热水温度（℃）	35~40	

表 4.3.3　候诊区域机电配置清单

序号	主要设备名称	参考数量（个）	备注
1	插座	8	
2	网口	4	
3	宣讲显示屏	2	根据空间大小配置
4	电话端口	1	
5	紧急呼叫按钮	1	
6	语音监控	2	根据空间大小配置

表 4.3.4　候诊区域家具及办公设备配置清单

序号	主要设备名称	参考数量	备注
1	办公座椅	2（把）	可根据实际需求调整
2	电脑	2（台）	可根据实际需求调整
3	接待台	—	根据空间大小配置
4	电话	1（台）	座机
5	打印机	1（台）	
6	垃圾桶	1（个）	垃圾分类
7	休闲座椅	—	根据空间大小配置

4.3.2 患者更衣室

患者更衣室是患者更换衣服的地方，透析治疗要求洁净无菌环境，患者治疗称重前需提前更换衣服、鞋子后进入透析称重区（图 4.3.7~ 图 4.3.9、表 4.3.5~ 表 4.3.9）。

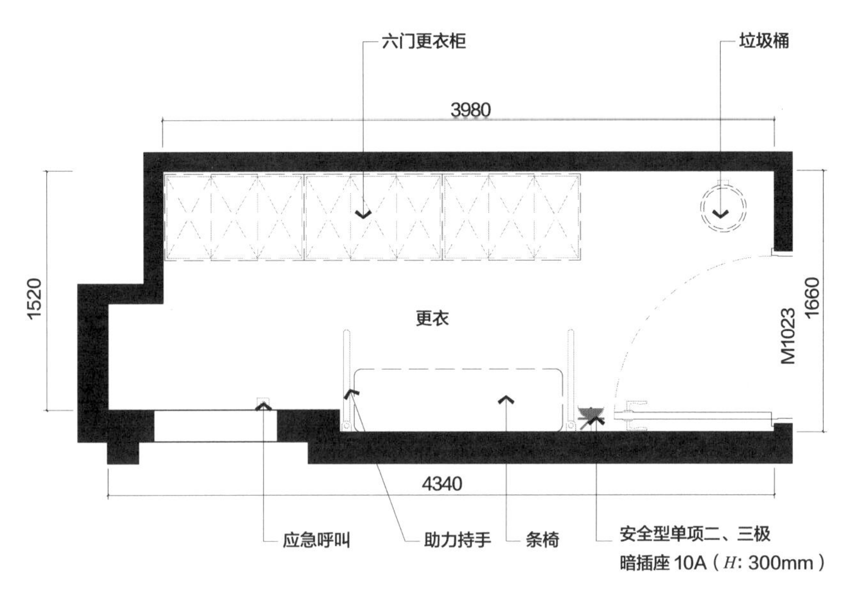

图 4.3.7 患者更衣室平面布置图

图 4.3.8 患者更衣室实景照片

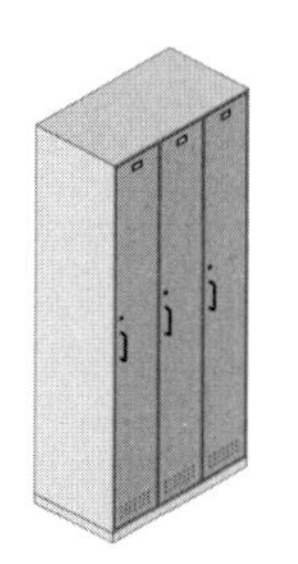 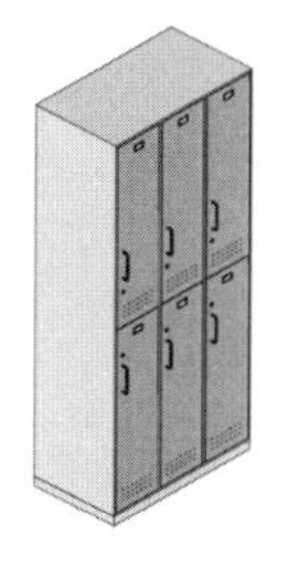 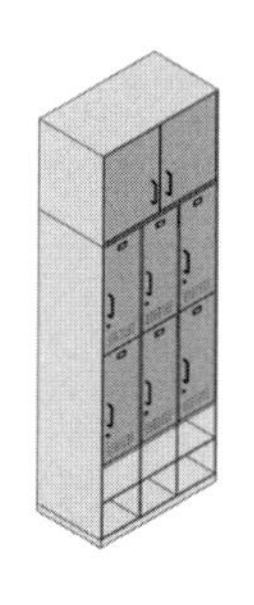 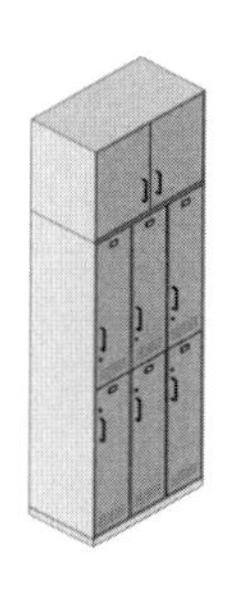 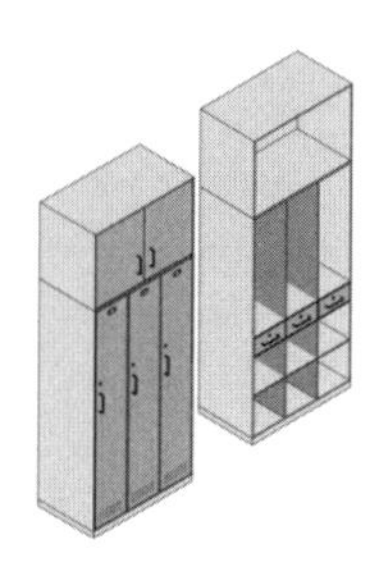

图 4.3.9　患者更衣柜形式效果

表 4.3.5　患者更衣室室内装修材料建议清单

序号	使用位置	材质	规格	防火等级	备注
1	顶面	成品块板材料	厚度 16mm	A 级	吊顶标高建议设置为 2800~3000mm
2	墙面	无机涂料		A 级	
3	地面	弹性地材	厚度 2~3mm	B_1 级（有窗）	
4	踢脚	弹性地材	厚度 2mm、高 100mm	B_1 级（弧形踢脚）	
5	门	平开门	根据建筑门洞确定	内部空间设置观察窗	
6	五金	钢制门锁，U 形把手			

表 4.3.6　患者更衣室服务控制参数

序号	限定值	数值	备注
1	照明常规照度（Lux）	150	
2	照明色温参数（K）	4500	
3	照明显色指数（Ra）	≥ 80	
4	照明眩光值	22	
5	日间噪声 [dB（A）]	≤ 40	

表 4.3.7　患者更衣室设备配置清单

序号	主要设备名称	参考数量（个）	备注
1	更衣柜	1	注意设置一组无障碍柜
2	换衣凳	2	根据实际情况设置

表 4.3.8 患者更衣室机电配置清单

序号	主要设备名称	参考数量（个）	备注
1	插座	1	
2	紫外线消毒灯	1	根据实际设置
3	呼叫按钮	1	根据实际设置

表 4.3.9 患者更衣室设施配置清单

序号	主要设备名称	参考数量（个）	备注
1	垃圾桶	1	垃圾分类

4.3.3 称重区

称重区域不应影响通行，通行宽度不小于通道规范要求，体重秤位置需合理设置。根据患者不同需求，设置不同形式（图 4.3.10、图 4.3.11）。

（a）地板秤，通常与装饰地面齐平，需设置结构降板，也可用于轮椅。

（b）电子秤，带扶手上轮椅电子秤，轮椅无障碍通行，担架可以到达。

（c）标准秤，患者可以站立的标准设备，也可以安装扶手。

（d）担架床 / 椅一体化秤。

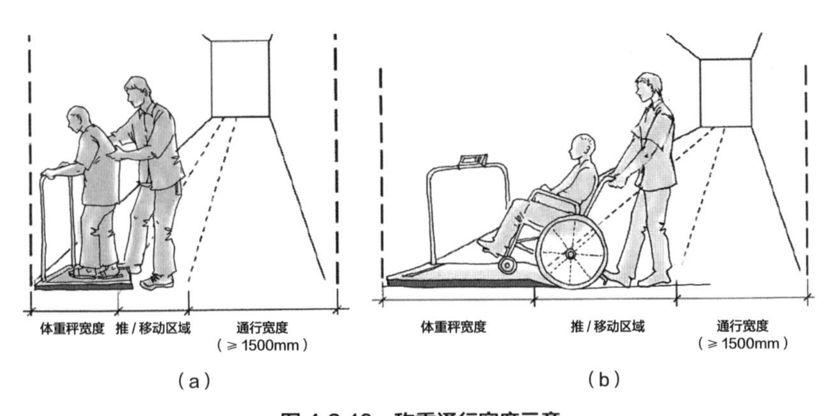

图 4.3.10 称重通行宽度示意

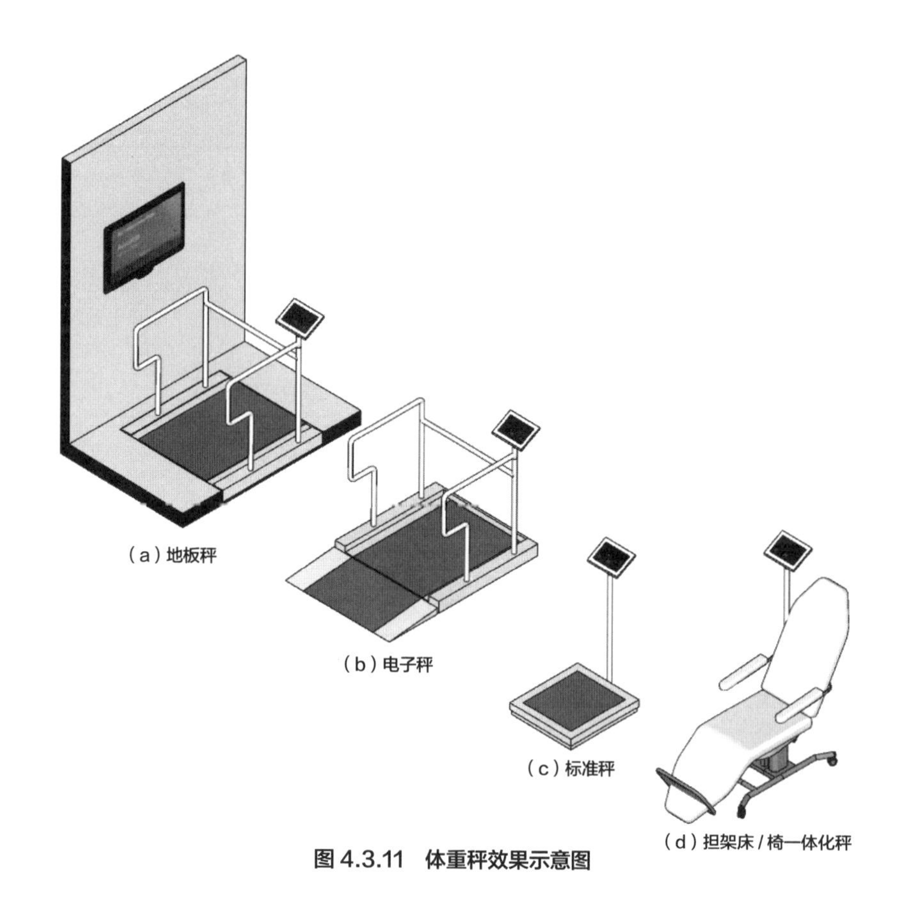

图 4.3.11　体重秤效果示意图

4.3.4 专用手术室（治疗插管室）

有些患者需要进行插管操作，治疗插管室（图 4.3.12、图 4.3.13），是给病人做透析前的工作而准备，为患者实施治疗换药的场所，分治疗区、记录区、洗手区。治疗区主要设置治疗床、医生办公位，建议治疗区设置在房间内侧，治疗床不靠墙，方便医生操作，空间满足治疗推车条件；记录区主要设医护人员信息登记及查询，建议设置在靠门的位置；洗手区主要设置洗手池，建议靠近治疗区，方便医护人员操作前后洗手的需求（表 4.3.10~表 4.3.14）。

治疗插管室不允许家属进入，不设置陪护设备，考虑推床、推轮椅需求，门宽度设置为 1300mm，设计面积为 12~25m^2。

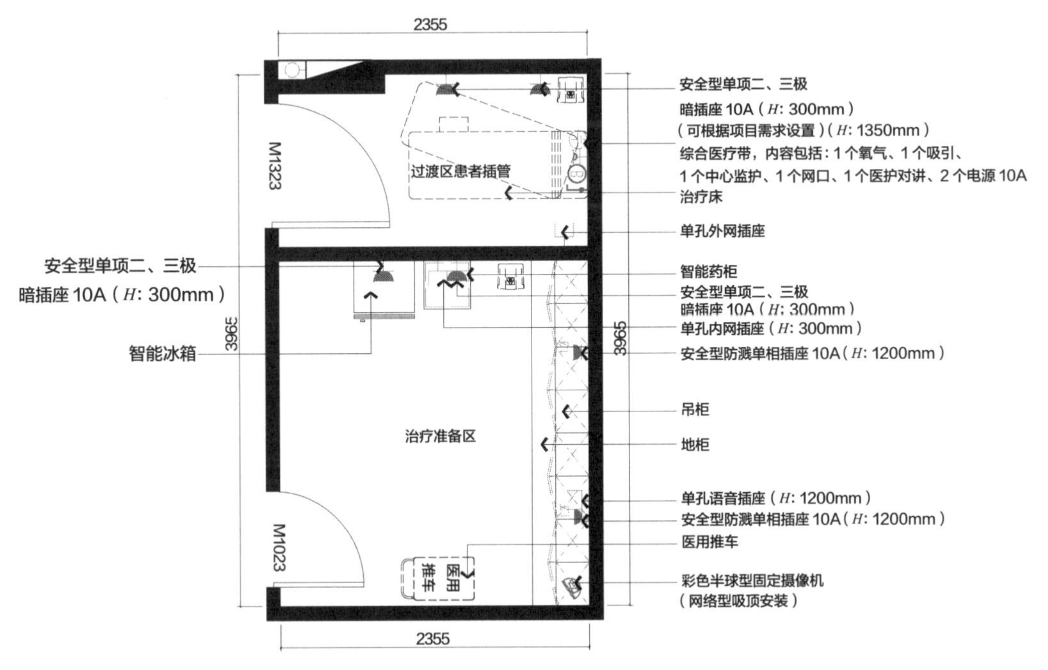
2355
M1323
过渡区患者插管
安全型单项二、三极
暗插座 10A（H：300mm）
（可根据项目需求设置）（H：1350mm）
综合医疗带，内容包括：1 个氧气、1 个吸引、
1 个中心监护、1 个网口、1 个医护对讲、2 个电源 10A
治疗床
单孔外网插座
安全型单项二、三极
暗插座 10A（H：300mm）
智能冰箱
3965
智能药柜
安全型单项二、三极
暗插座 10A（H：300mm）
单孔内网插座（H：300mm）
安全型防溅单相插座 10A（H：1200mm）
吊柜
地柜
治疗准备区
单孔语音插座（H：1200mm）
安全型防溅单相插座 10A（H：1200mm）
医用推车
M1023
医用推车
彩色半球型固定摄像机
（网络型吸顶安装）
2355

图 4.3.12 治疗插管室平面布置图

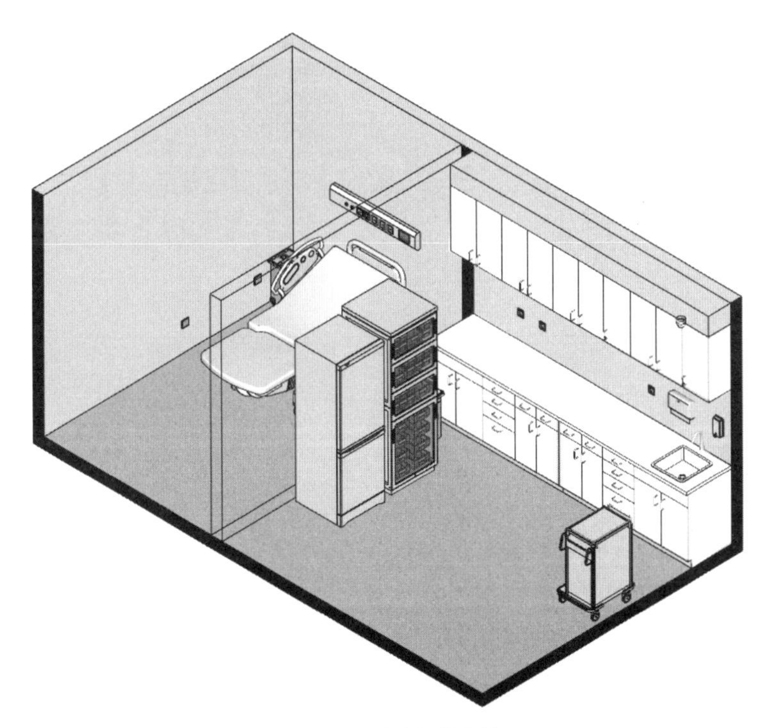

图 4.3.13 治疗插管室效果

表 4.3.10　治疗插管室室内装修材料建议清单

序号	使用位置	材质	规格	防火等级	备注
1	顶面	成品块板材料	厚度 16mm	A 级	可根据实际情况选择，吊顶标高建议设置为2800~3000mm
2	墙面	无机涂料		A 级	
3	地面	弹性地材	厚度 2~3mm	B_1 级（有窗）	
4	踢脚	弹性地材	厚度 2mm，高 100mm	B_1 级（弧形踢脚）	
5	门	平开门防火门	根据建筑门洞确定	内部空间设置观察窗	
6	五金	钢制门锁，U 形把手			

表 4.3.11　治疗插管室服务控制参数

序号	限定值	数值	备注
1	照明常规照度（Lux）	300	
2	照明色温参数（K）	5000	
3	照明显色指数（Ra）	≥ 80	
4	照明眩光值	19	
5	日间噪声 [dB（A）]	≤ 40	
6	生活热水水温（℃）	35~40	

表 4.3.12　治疗插管室设备配置清单

序号	主要设备名称	参考数量（台）	备注
1	诊察床 / 透析椅	1	透析大厅床位区为病床（床边桌）；坐式透析区为透析座椅
2	血液透析机	1	集中供液接口
3	医疗设备带	1	
4	移动工作站	1	
5	多功能推车	1	

表 4.3.13 治疗插管室机电配置清单

序号	主要设备名称	参考数量（个）	备注
1	氧气	1	每组设备 1 个
2	真空吸引	1	每组设备 1 个
3	医疗插座	4	16A 插座 1 个，UPS 透析及供电，短路后不影响其他设备运行； 10A/5 孔插座至少设置 2 组，保证监护及其他抢救设备使用； 设备带插座尽量使用防水保护
4	网口	2	血统信息系统联机使用
5	医护对讲	1	每组设备 1 个
6	床头卡	1	每组设备 1 个
7	洗手池		感应龙头、洗手液、纸巾盒

表 4.3.14 治疗插管室办公设施配置清单

序号	主要设备名称	参考数量	备注
1	床头柜		
2	医用隔帘	1 组	
3	空气消毒机	1 组	遥控式
4	办公桌	1 张	长度 > 1000mm
5	电脑	1 台	
6	垃圾桶	1 个	垃圾分类

4.3.5 护理单元

护理单元是配套设施完整的护士站，护士站的位置应能观察到所有患者及治疗设备。室内做好严格人流、物流控制，做好每日空气通风、消毒。

护理单元在整个血液透析过程中从患者角度来说，是尽可能地希望医护人员能随时在自己的身边或者附近，可以及时处理风险。从医护角度来说，同样也希望在第一时间可以处理紧急患者情况，需要以最短的路程到达患者身边。

护理单元护士根据患者挂号顺序和病情安排患者就医治疗，插管治疗之前要提前检查患者身高、体重、血压等信息；分配透析单元，以及确定患者本次的治疗方案及开具药品处方、化验单等；透析完成后再次测量患者身高、体重、血压等基本信息（图4.3.14~图4.3.22、表 4.3.15~ 表 4.3.19）。

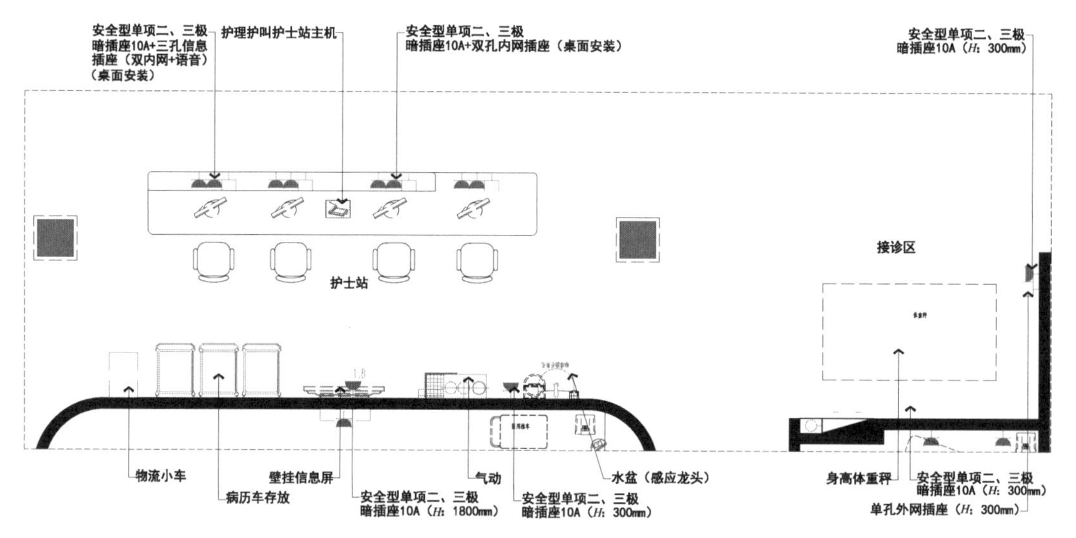

图 4.3.14　护理单元平面布置图

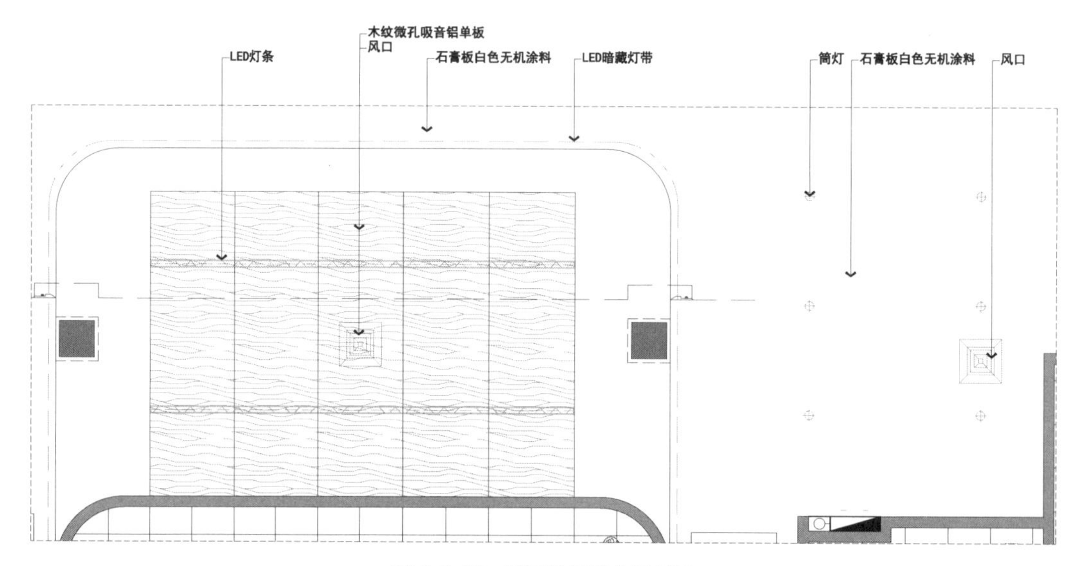

图 4.3.15　护理单元综合吊顶图

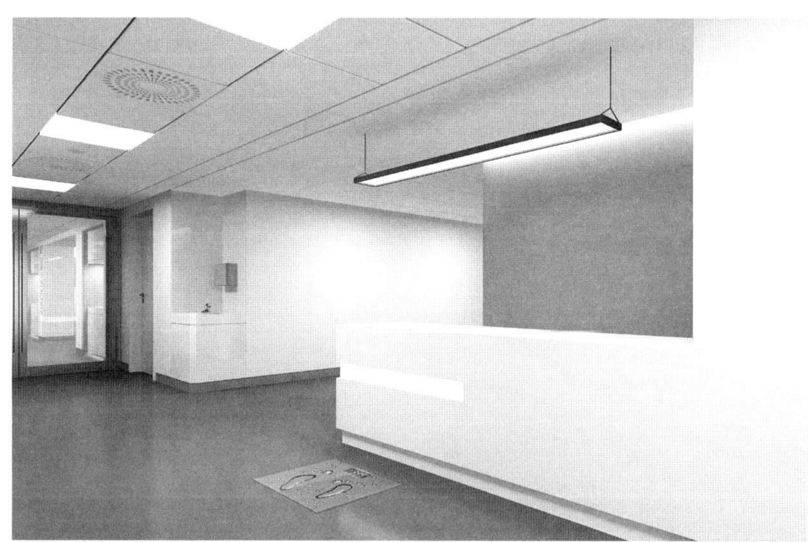

图 4.3.16　护理单元效果 1

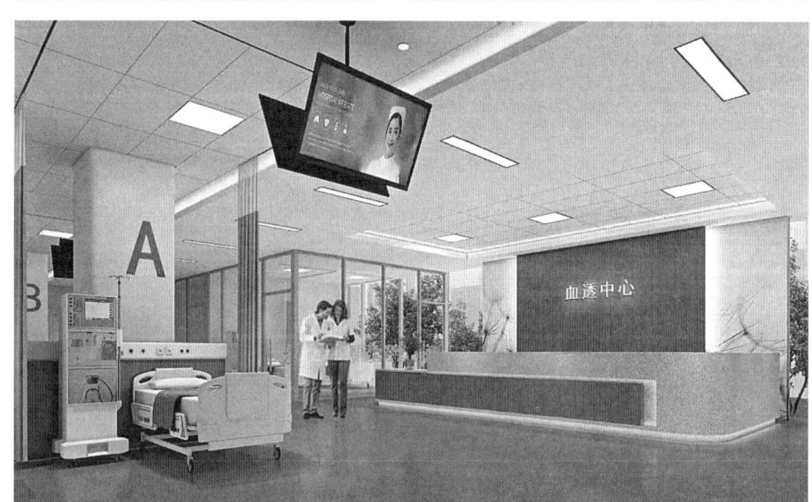

图 4.3.17　护理单元效果 2

图 4.3.18　护理单元效果 3

护士站形式有开敞式和封闭式，此处宜设为半开敞空间，根据功能设置接待区、工作区、信息区、呼叫显示区、物流站点等功能。

接待区采用不同高度双层台面设计，高层台面便于患者及家属站立交流，护士书写等，同时又可遮挡电脑、文件等物品；低层台面便于患者坐姿或者与坐轮椅患者咨询与交谈，护理台高度为

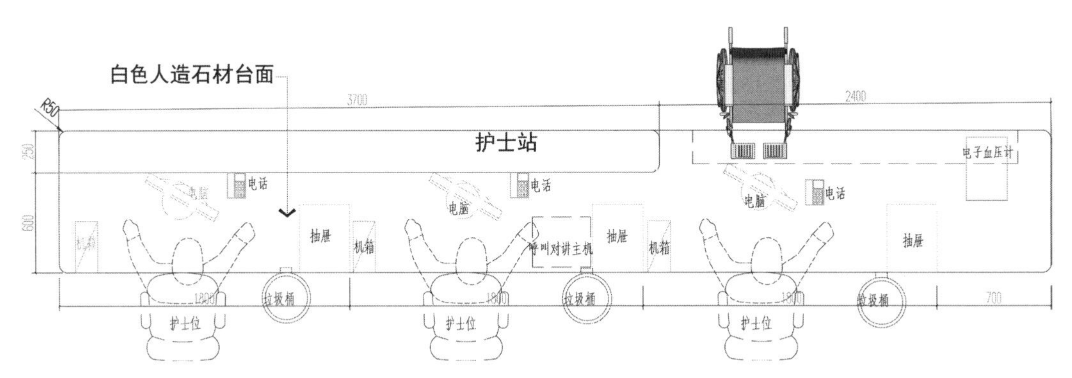

图 4.3.19　护理单元平面图

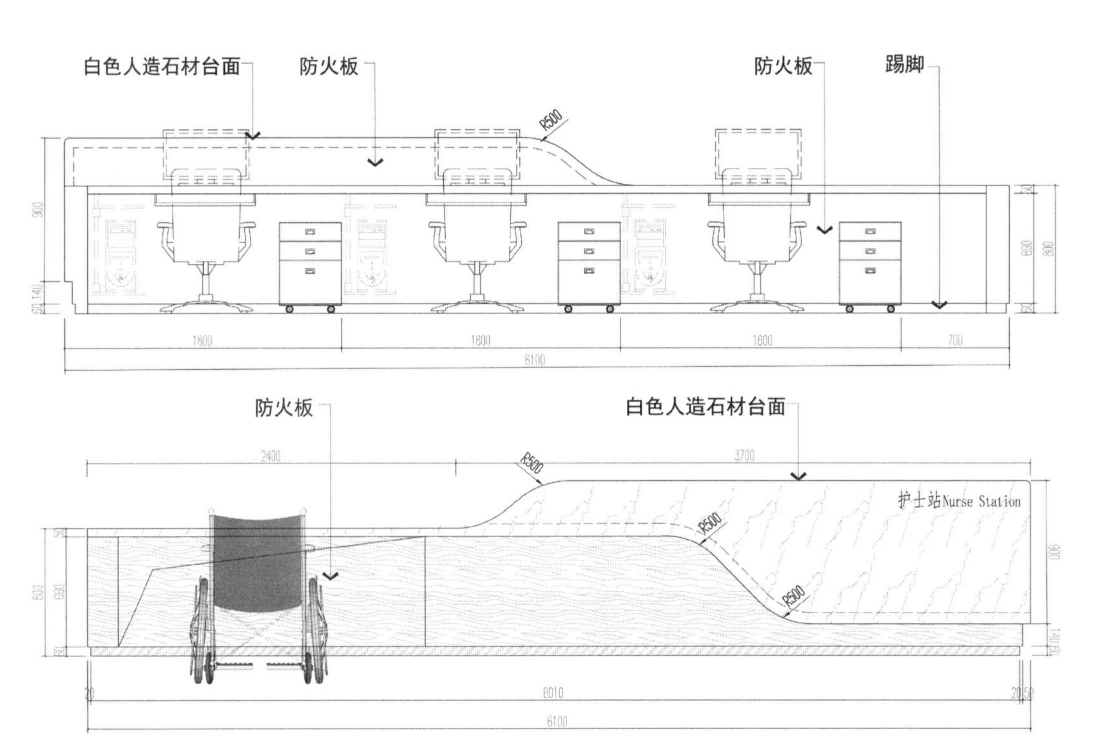

图 4.3.20　护理单元立面图

1050~1100mm 之间，低层高度为 750~800mm 之间（座式或无障碍）。建议每个护士位宽度不小于 1200mm。

工作区：设置护士工作站，满足处置医嘱、记录、打印、集中监护等功能。

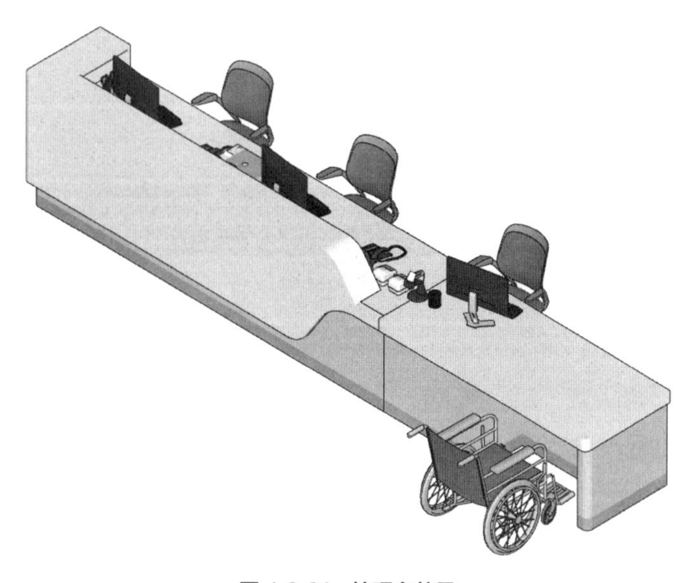

图 4.3.21 护理台效果

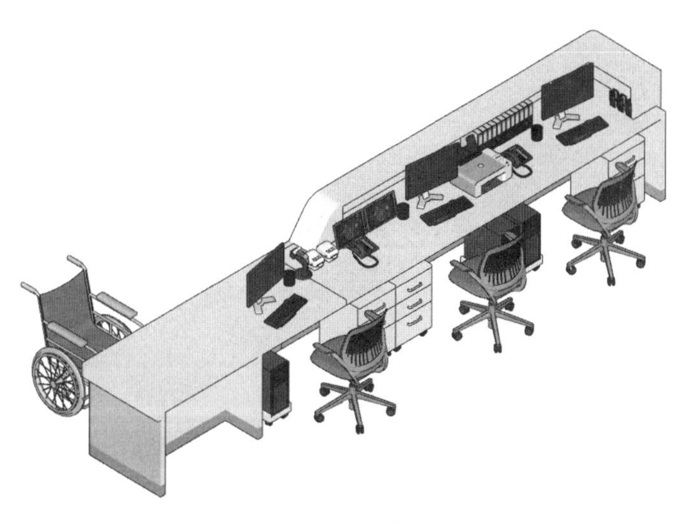

图 4.3.22 护理台设备展示效果

信息区、呼叫显示区：设置呼叫显示屏和白板，白板用于记录护理工作安排，该区域还可根据移动工作站的使用数量预留充电点位。

护士站的另一侧设置气动物流、小车物流站点、病历车存放、储物柜、洗手盆等。

护士站设置应靠近治疗准备室。

表 4.3.15　护理单元室内装修材料建议清单

序号	使用位置	材质	规格	防火等级	备注
1	顶面	双层石膏板无机涂料	厚度 9.5mm	A 级	可根据实际情况选择，吊顶标高建议设置为 2800~3000mm
2	墙面	抗菌树脂板	厚度 2~8mm	A 级 /B_1 级	
		抗菌涂料		A 级	
3	地面	弹性地材	厚度 2~3mm	B_1 级	
4	踢脚	弹性地材	厚度 2mm，高 100mm	B_1 级（弧形踢脚）	

表 4.3.16　护理单元服务控制参数

序号	限定值	数值	备注
1	照明常规照度（Lux）	300	
2	照明色温参数（K）	5000	5000~5500 自然光
3	照明显色指数（Ra）	≥ 80	
4	照明眩光值		
5	日间噪声 [dB（A）]	≤ 40	
6	生活热水水温（℃）	35~40	

表 4.3.17　护理单元设备配置清单

序号	主要设备名称	参考数量（个）	备注
1	护理台	1	含储物柜，注意设置无障碍服务
2	治疗小车	3	移动护理车、病历车、移动工作站
3	电子血压计	1	
4	台式血压计	1	
5	身高体重秤	1	宜做独立式，可以结合地面设置

表 4.3.18　护理单元机电配置清单

序号	主要设备名称	参考数量（个）	备注
1	插座	8	
2	网口	4	
3	中心监护主机	1	功能是通过设备检测病人体征
4	医护对讲主机	1	护理人员与患者可以对话
5	电话端口	1	
6	紧急呼叫按钮	1	
7	洗手池	1	感应龙头、洗手液、纸巾盒
8	气动站点	1	可根据实际配置
9	物流站点	1	可根据实际配置
10	监控（录音功能）	1	可根据实际配置

表 4.3.19　护理单元办公设施配置清单

序号	主要设备名称	参考数量	备注
1	办公座椅	2 把	
2	电脑	2 台	
3	空气消毒机	1 组	遥控式
4	电话	1 台	座机
5	打印机	2 台	
6	垃圾桶	1 个	垃圾分类，可嵌入护士台
7	电子时钟		

4.3.6 阴性透析治疗区

阴性透析治疗区由若干透析标准单元组成，一个血液透析治疗区至少设置 4 个透析标准单元。每个透析标准单元的配置为一台透析机和一张透析床（椅），每个透析标准单元的面积建议为 $5m^2$（图 4.3.23~ 图 4.3.26、表 4.3.20、表 4.3.21）。

由于透析治疗所需的动静脉瘘通常选择非惯用侧击左侧上肢体进行穿刺，血液透析机宜放在病床左侧。

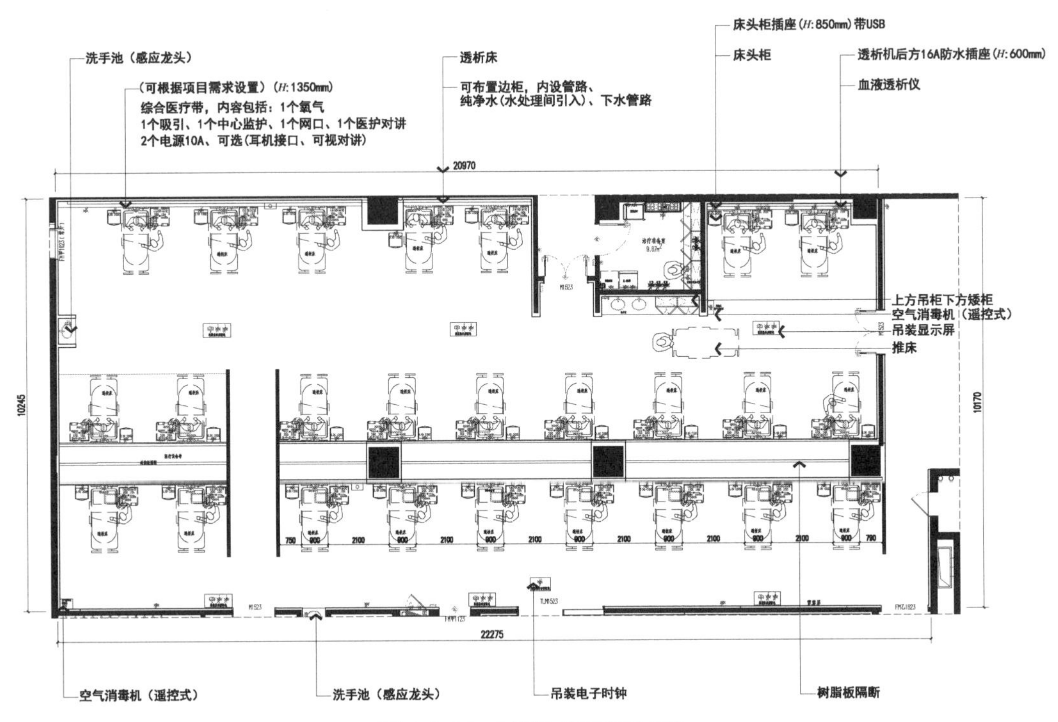
洗手池（感应龙头）
（可根据项目需求设置）（H:1350mm）
综合医疗带，内容包括：1个氧气
1个吸引、1个中心监护、1个网口、1个医护对讲
2个电源10A、可选(耳机接口、可视对讲)
透析床
可布置边柜，内设管路、
纯净水(水处理间引入)、下水管路
床头柜插座（H:850mm）带USB
床头柜
透析机后方16A防水插座（H:600mm）
血液透析仪
20970
10245
10170
上方吊柜下方矮柜
空气消毒机（遥控式）
吊装显示屏
推床
750
900
2100
790
22275
空气消毒机（遥控式）
洗手池（感应龙头）
吊装电子时钟
树脂板隔断

图 4.3.23　透析治疗区平面布置

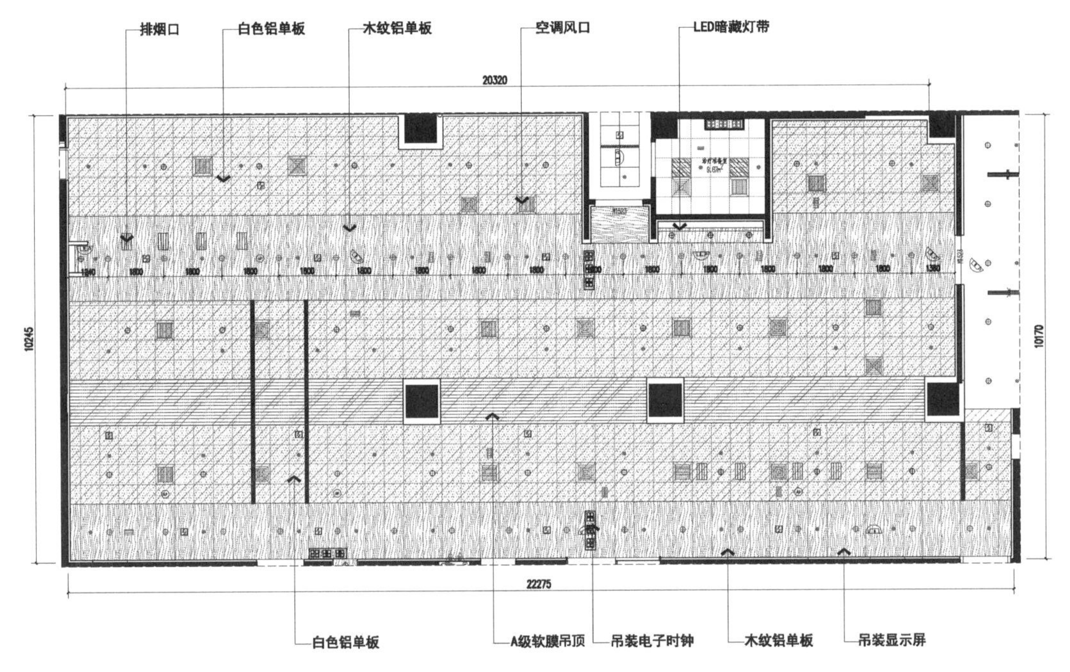
排烟口
白色铝单板
木纹铝单板
空调风口
LED暗藏灯带
20320
10245
10170
1800
22275
白色铝单板
A级软膜吊顶
吊装电子时钟
木纹铝单板
吊装显示屏

图 4.3.24　透析治疗区综合吊顶图

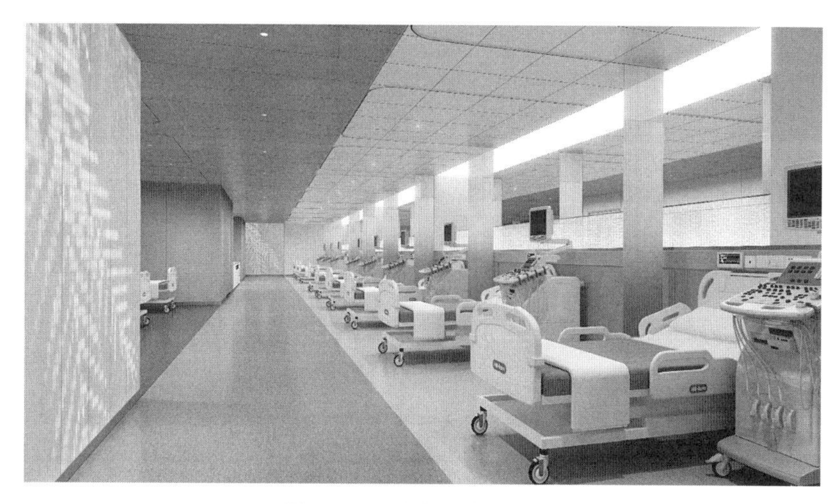

图 4.3.25 透析治疗区效果 1

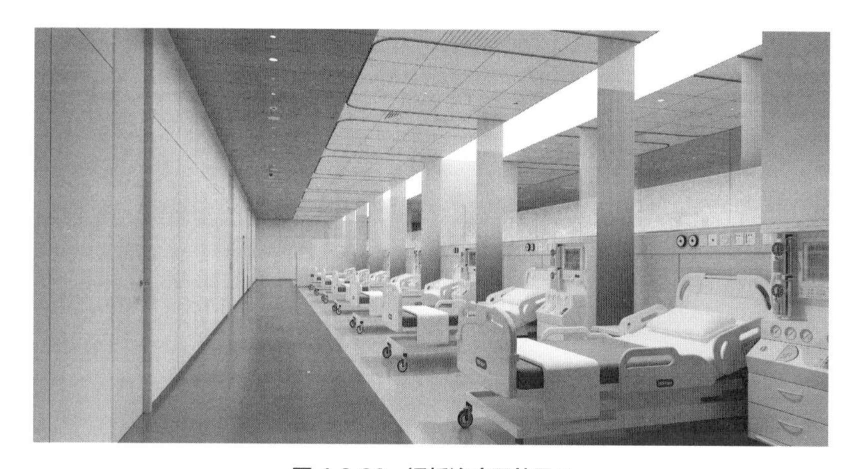

图 4.3.26 透析治疗区效果 2

透析治疗区应安静、空气清新，光线充足；应设置空气消毒机、空调和必要的通风设施及外窗。地面使用耐酸材料并合理设置地漏。

每个透析标准单元设置隔帘或成品隔断，保护患者的隐私。

根据《综合医院建筑设计规范》GB 51039—2014 要求，床与床间距净宽不宜小于 1200mm，通道净距不宜小于 1300mm。为了方便医护推床空间，建议通道预留宽度 1800mm。

表 4.3.20　透析治疗区室内装修材料建议清单

序号	使用位置	材质	规格	防火等级	备注
1	顶面	双层石膏板无机涂料	厚度 9.5mm	A 级	可根据实际情况选择，吊顶标高建议设置为 2800~3000mm
2		成品块板材料	厚度 16mm	A 级	可根据实际情况选择，吊顶标高建议设置为 2800~3000mm
3	墙面	无机涂料 抗菌树脂板	常规 厚度 2~8mm	A 级 / B_1 级	
4		无机涂料	常规厚度	A 级	
5	地面	弹性地材	厚度 2~3mm	B_1 级	
6	踢脚	弹性地材	厚度 2mm 高 100mm	B_1 级（弧形踢脚）	
7	门	钢制门	根据建筑门洞确定		需抗撞击，防划痕 需满足无障碍规范要求
8	五金	钢制门锁，U 形把手			

表 4.3.21　透析治疗区服务控制参数

序号	限定值	数值	备注
1	照明常规照度（Lux）	300	
2	照明色温参数（K）	5000	5000~5500 自然光
3	照明显色指数（Ra）	≥ 80	
4	照明眩光值	19	
5	日间噪声 [dB（A）]	≤ 40	
6	生活热水温度（℃）	35~40	

4.3.7 透析标准单元

透析过程一般需要 2~6 个小时，在此过程的病人需保持一定的姿势，这就需要对透析标准单元的环境设计及设置有所考虑，根据相应条件增加一定的娱乐设施，如平板电脑、摇臂呼叫显示屏幕、公共电视等，保证透析区域的舒适性，注意病人之间增加相应的私密性，同时也要便于医护人员管理及观察（图 4.3.27~ 图 4.3.38、表 4.3.22~表 4.3.24）。

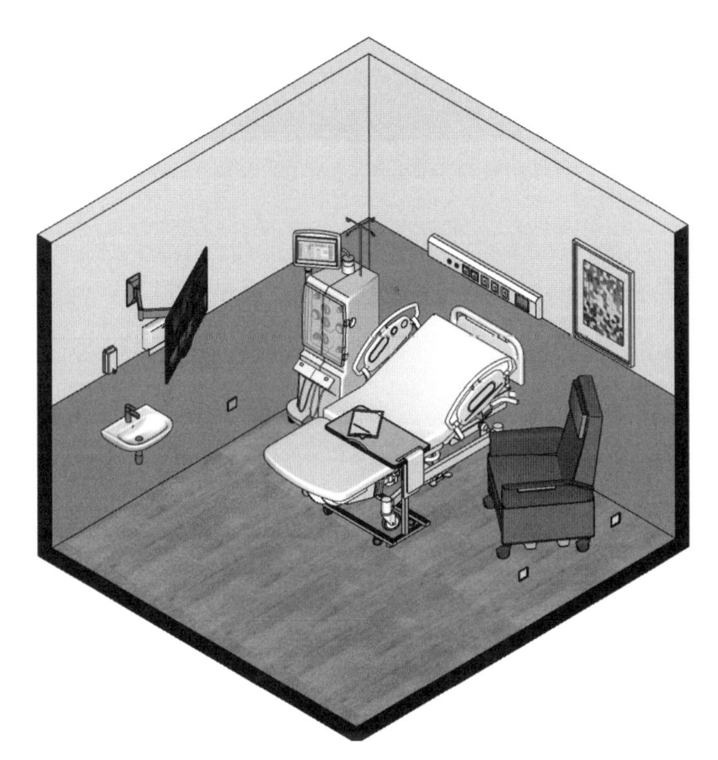

图 4.3.27 透析标准单元效果 1

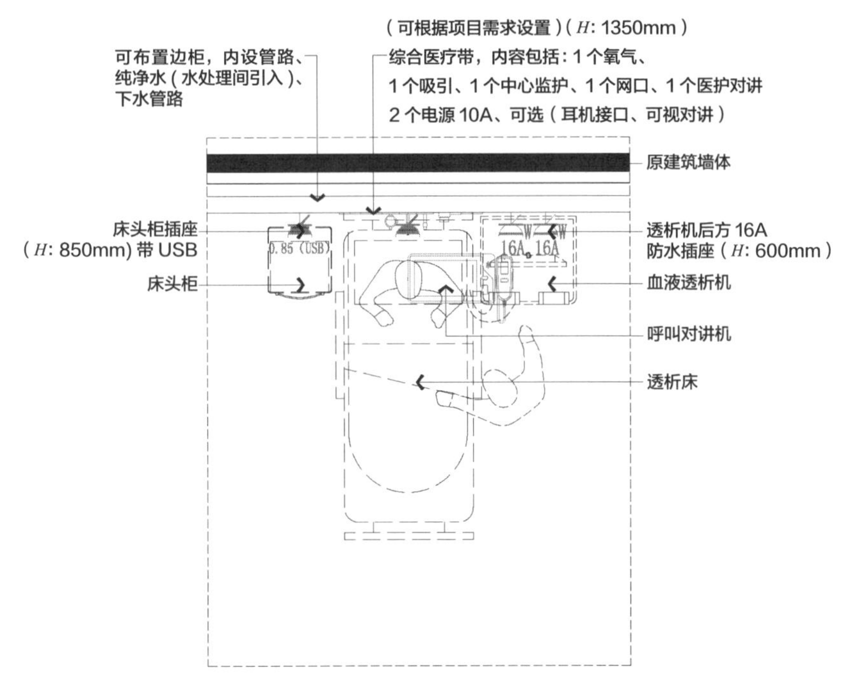

图 4.3.28 透析标准单元平面布置图

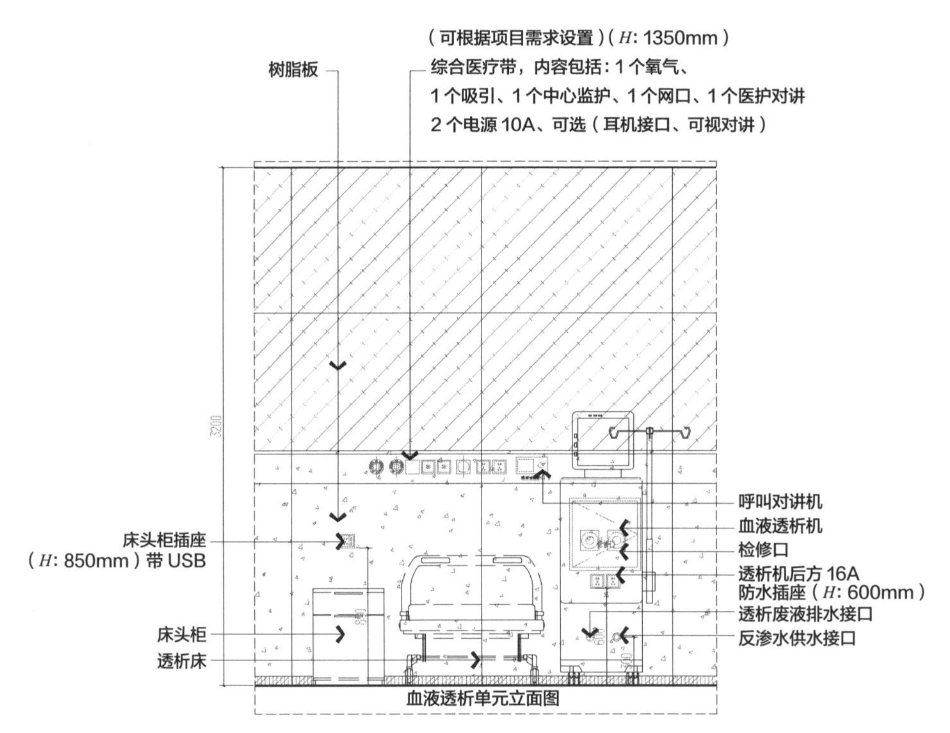
（可根据项目需求设置）（H：1350mm）
综合医疗带，内容包括：1个氧气、
1个吸引、1个中心监护、1个网口、1个医护对讲
2个电源10A、可选（耳机接口、可视对讲）
树脂板
3200
床头柜插座
（H：850mm）带USB
床头柜
透析床
呼叫对讲机
血液透析机
检修口
透析机后方16A
防水插座（H：600mm）
透析废液排水接口
反渗水供水接口
血液透析单元立面图

图4.3.29 透析标准单元立面图

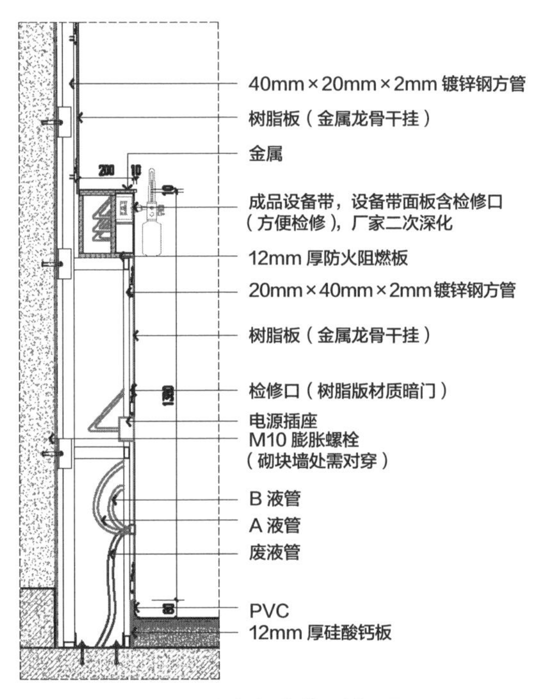
40mm×20mm×2mm镀锌钢方管
树脂板（金属龙骨干挂）
金属
200
10
成品设备带，设备带面板含检修口
（方便检修），厂家二次深化
12mm厚防火阻燃板
20mm×40mm×2mm镀锌钢方管
树脂板（金属龙骨干挂）
检修口（树脂版材质暗门）
电源插座
M10膨胀螺栓
（砌块墙处需对穿）
B液管
A液管
废液管
PVC
12mm厚硅酸钙板

图4.3.30 透析标准单元剖面图1

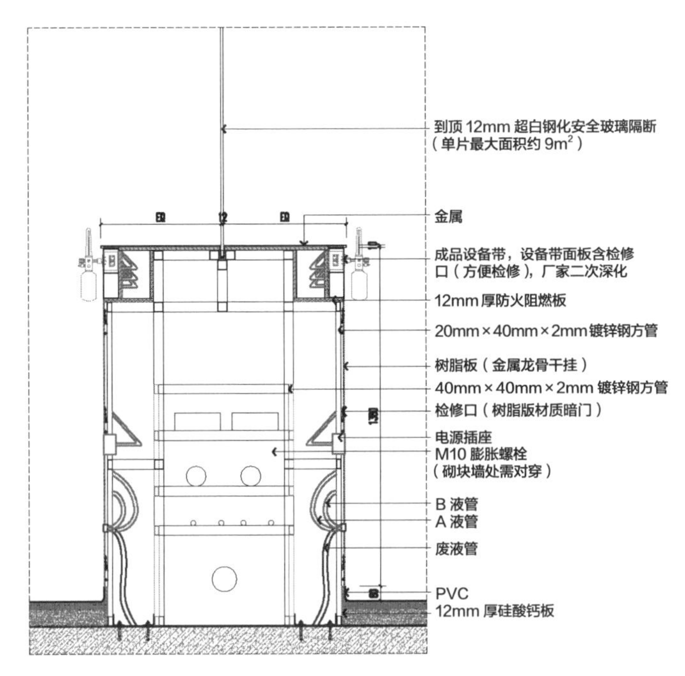

图 4.3.31　透析标准单元剖面图 2

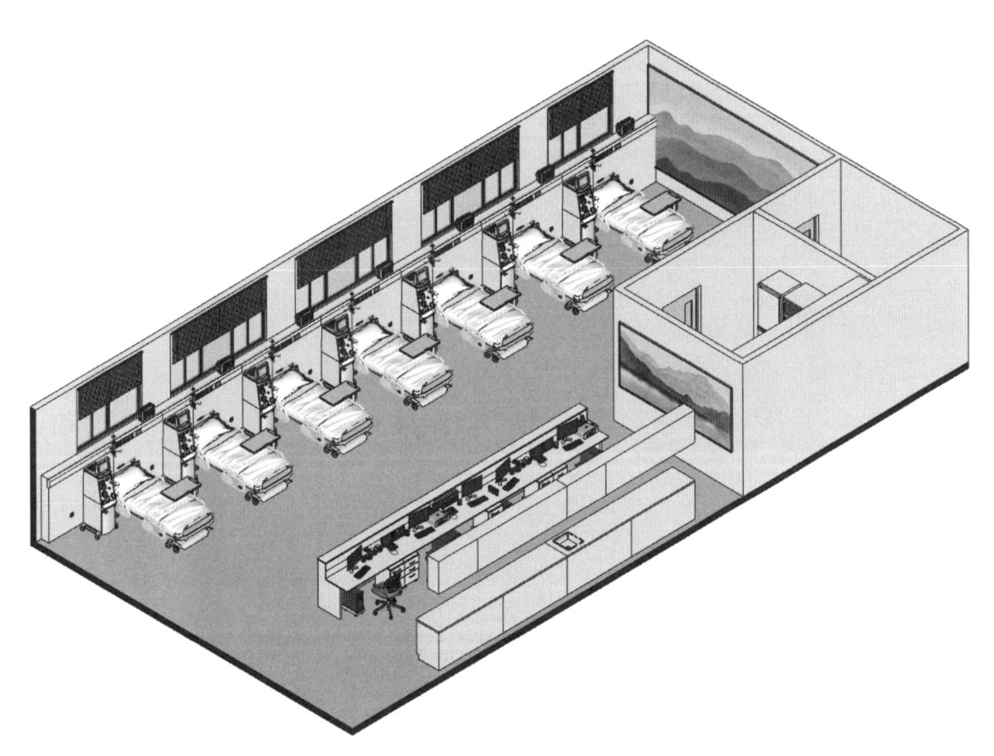

图 4.3.32　透析标准单元组合效果 1（卧式）

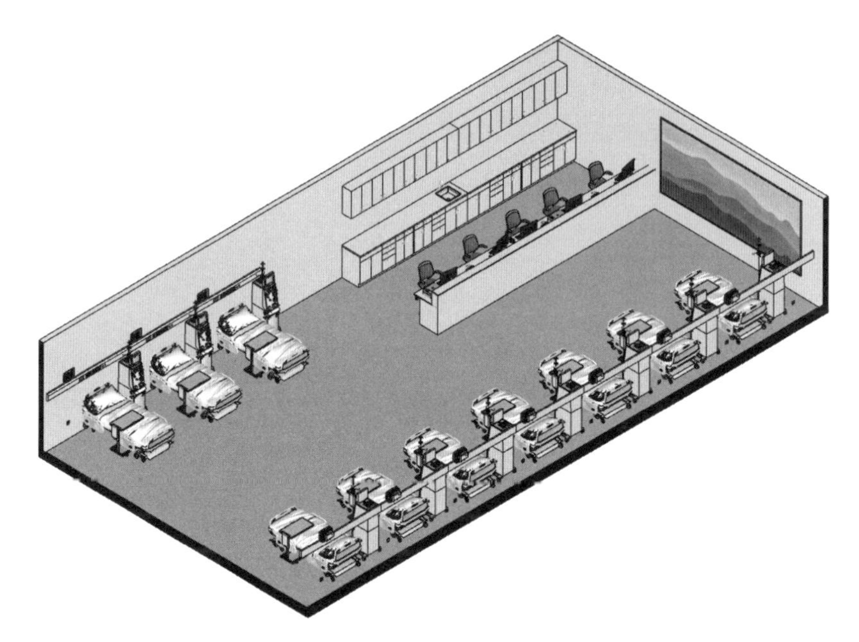

图 4.3.33　透析标准单元组合效果 2（卧式）

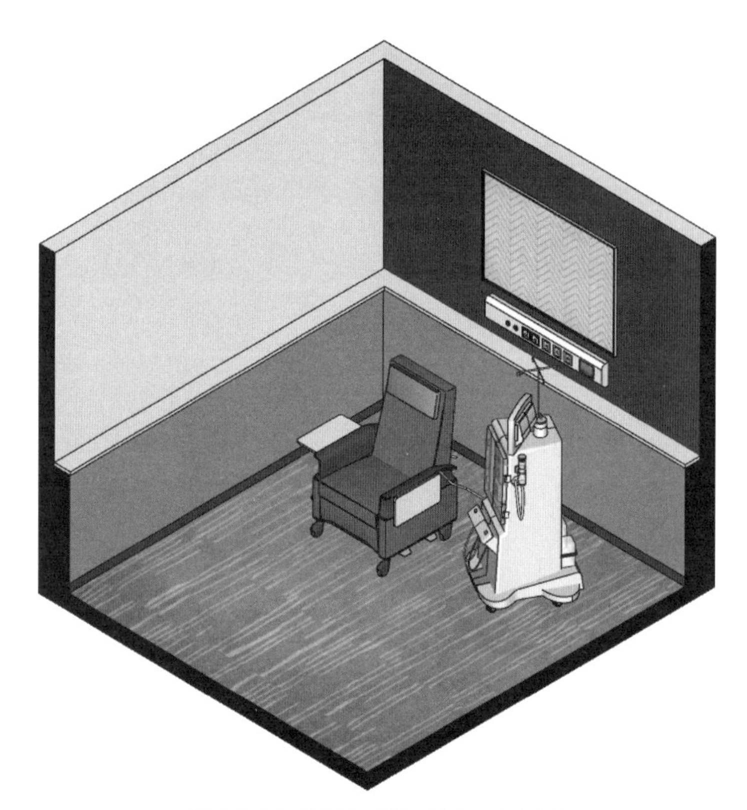

图 4.3.34　透析标准单元效果 1（坐式）

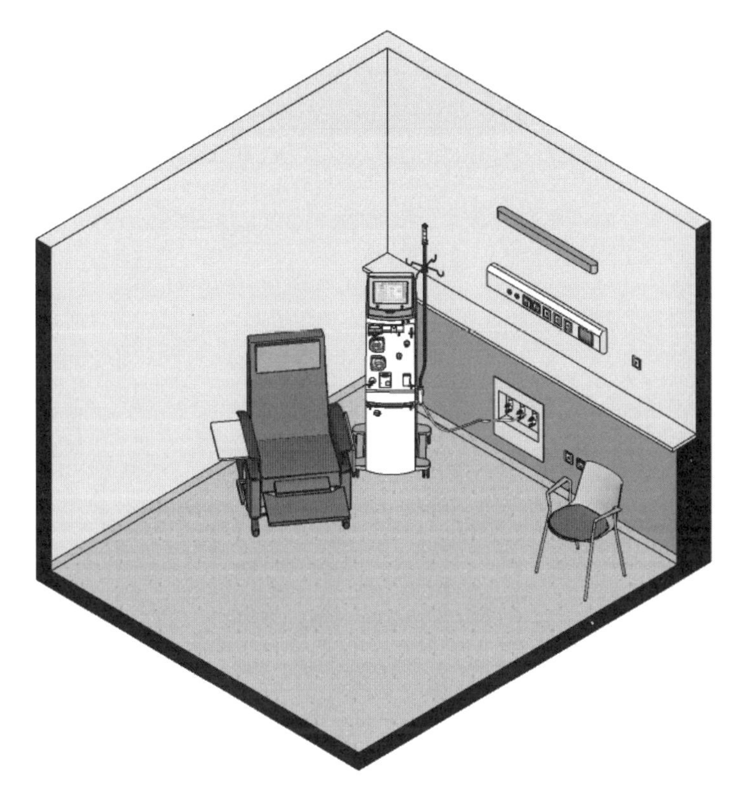

图 4.3.35 透析标准单元效果 2（坐式）

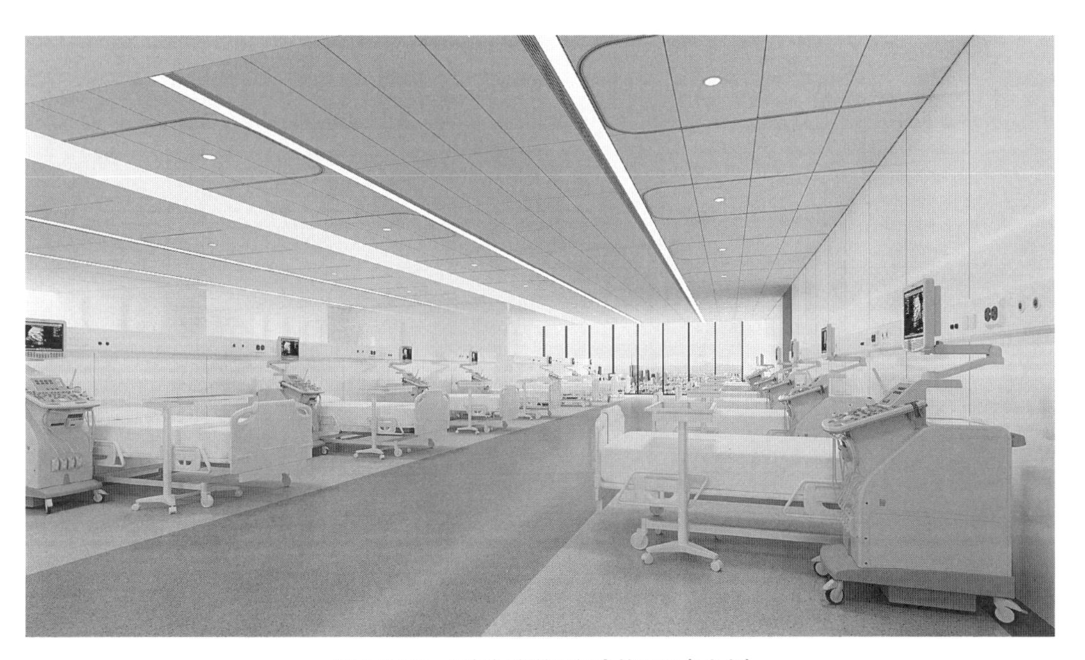

图 4.3.36 透析标准单元组合效果 3（卧式）

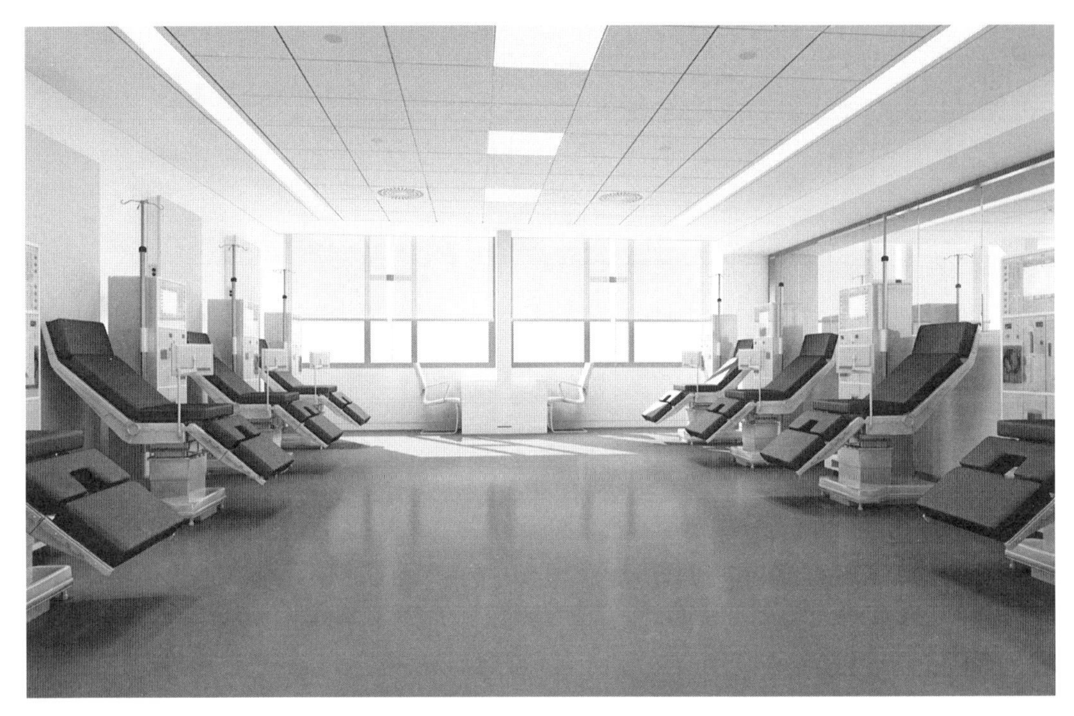

图 4.3.37　透析标准单元组合效果 4（坐式）

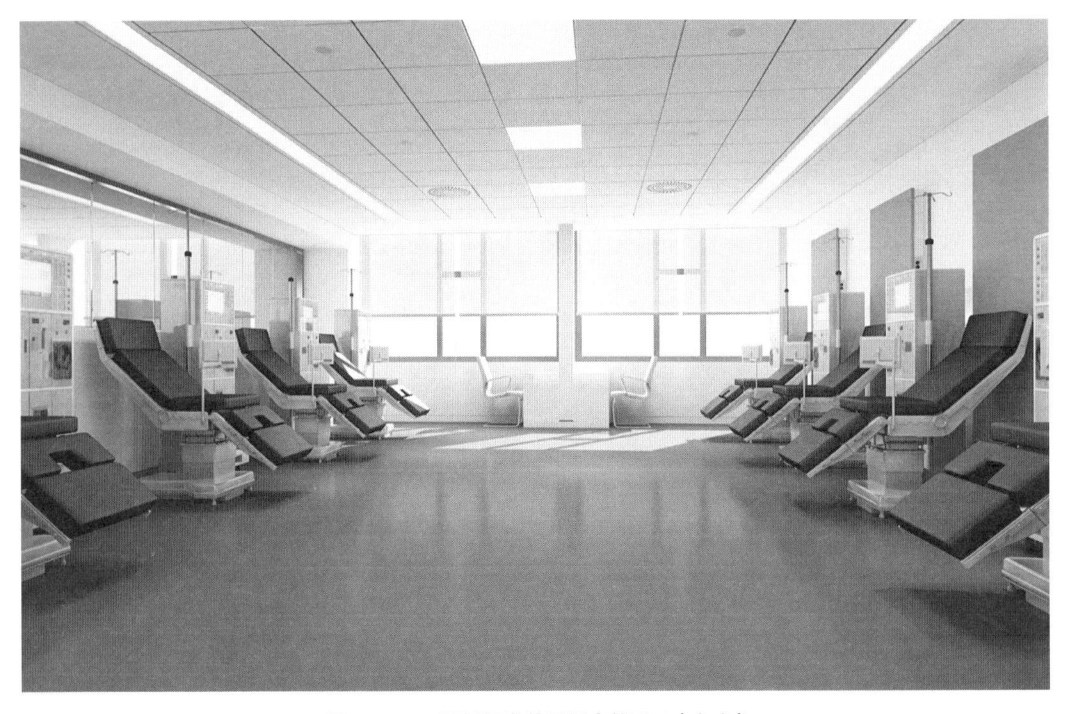

图 4.3.38　透析标准单元组合效果 5（坐式）

表 4.3.22 透析标准单元设备配置清单

序号	主要设备名称	参考数量	备注
1	病床 / 透析椅	1 张	透析治疗区床位区为病床（床边桌）；坐式透析区为透析座椅
2	血液透析机	1 台	集中供液接口
3	医疗设备带	1 组	

表 4.3.23 透析标准单元机电配置清单

序号	主要设备名称	参考数量（个）	备注
1	氧气	1	每组设备 1 个
2	真空吸引	1	每组设备 1 个
3	医疗插座	4	16A 插座 1 个，UPS 透析及供电，短路后不影响其他设备运行；10A/5 孔插座至少设置 2 组，保证监护及其他抢救设备使用；设备带插座尽量使用防水保护
4	病床插座	2	电动床 / 椅、电动床垫
5	床头柜插座	1	患者手机使用
6	网口	2	血统信息系统联机使用，中心监护端口
7	医护对讲	1	每组设备 1 个，医护对讲系统用于病人呼叫医护人员
8	床头卡	1	每组设备 1 个
9	阅读灯	1	每组设备 1 个
10	中文信息发布屏幕	1	根据实际设置
11	洗手池	1	感应式龙头、洗手液、纸巾盒
12	反渗水供水接口	1	H=200~300mm（根据设备厂家设置）
13	透析废液排水接口	1	H=200~300mm（根据设备厂家设置）

表 4.3.24 透析标准单元家具配置清单

序号	主要设备名称	参考数量	备注
1	床头柜	1 个	
2	医用隔帘	1 组	
3	空气消毒机	1 组	遥控式
4	陪护座椅	1 张	
5	垃圾桶	1 个	垃圾分类

4.3.8 新型血液透析单元及组合系统

近年来，随着慢性肾病患病人数增加，血液透析患者也越来越多，大量医院增设了血液透析治疗服务。但是目前已有的诸多医院血液透析中心存在布局单一、无单独的治疗室、透析单元间距不合理等现实问题，这些容易造成患者在就诊过程中的烦躁情绪，并且无法保证患者的个人隐私。通过设计血液透析室的家具单元及其多种排列组合形式来优化血液透析中心的平面布局，可改善血液透析患者的就诊环境，营造公共就诊空间中较为私密的个人就诊氛围。

针对血液透析室布局单一的就诊环境，以及透析单元间距不合理、患者丧失隐私的瓶颈，创造一种可灵活组合的“L 形”半围合血液透析单元模块，模块可通过 T 形、X 形、十字形、C 形等排列组合形式进行布局来适应不同面积、尺度的血液透析室，成为较为灵活多变的血液透析平面系统，并且上述排列形式的平面布局可将各血液透析室分割成多个相对独立且私密的血液透析单元，有效地保护了患者的个人隐私，同时满足应确保的安全距离（图 4.3.39）。

通过四种规格的装配式连接形成“L 形”的半围合血液透析单元，装配式隔板可配备置物板及可开合与调整角度的隐藏式电视机，血液

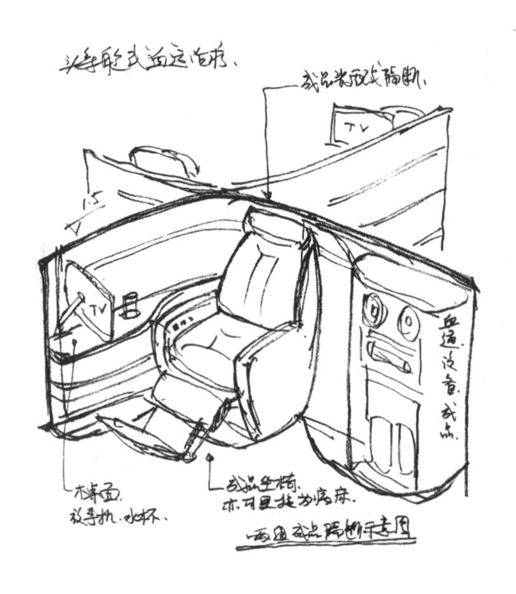

图 4.3.39　新型透析单元示意图

透析单元内可搭配成品血液透析机以及病床或可检测身体的成品可调节倾斜角度的座椅。

血液透析单元的装配式隔板通过工字结构相连接，便于安装、拆卸、循环使用。连接接口可确保防水要求，同时整个隔板可满足防水、防污、易清洁等要求；并且两端的隔板可通过变换位置形成“正 L 形”与“反 L 形”两种半围合空间，便于患者左右手的切换。

每个血液透析单元与地面之间同样使用装配式工字结构相连接，确保施工与安装的一致性。

此布置方式有以下三个关键点：

1）“L 形”半围合的血液透析单元模块的造型。

2）可灵活组合保证安全距离的血液透析平面系统的设计概念（图 4.3.40、图 4.3.41）。

3）可提供相对独立且私密的 T 形、X 形、十字形等多种排列组合形式（图 4.3.42~ 图 4.3.44）。

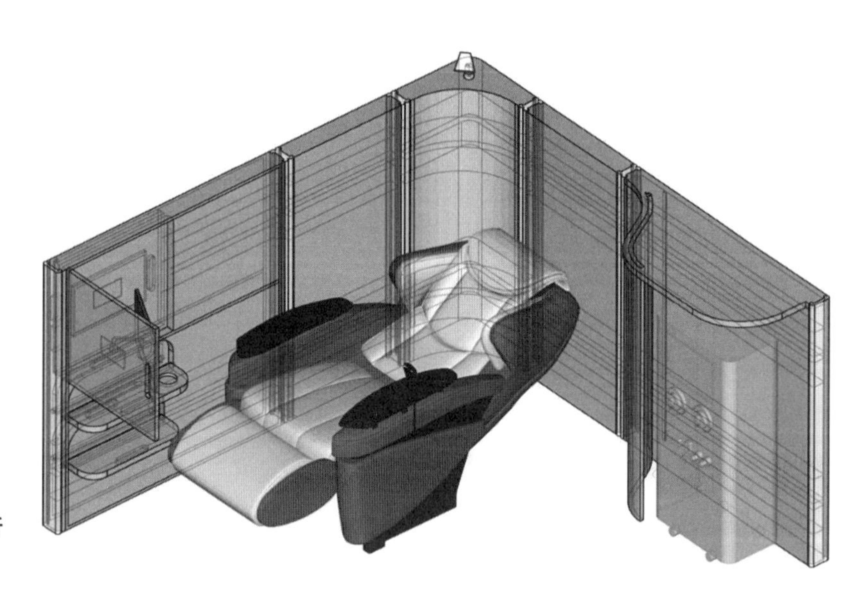

图 4.3.40　新型透析单元效果图 1

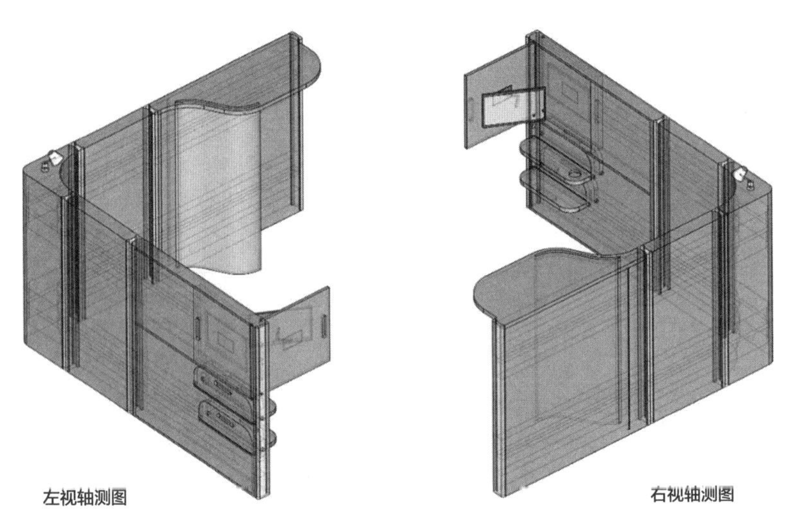

图 4.3.41　新型透析单元效果图 2

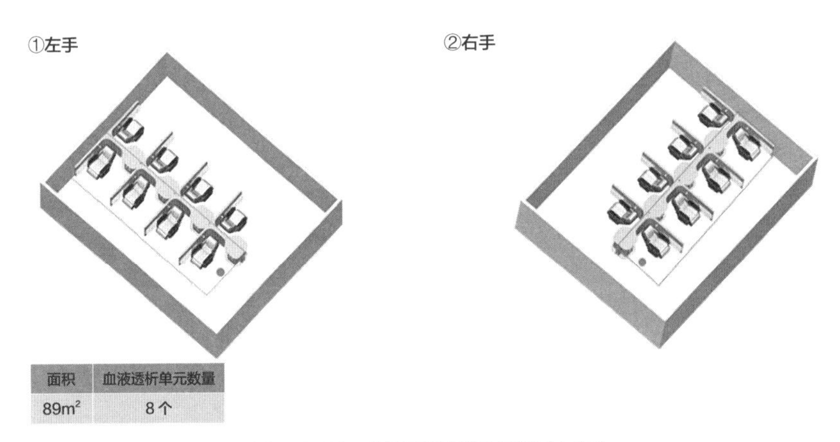

面积	血液透析单元数量
89m^2	8 个

图 4.3.42　新型透析单元 T 形布局图

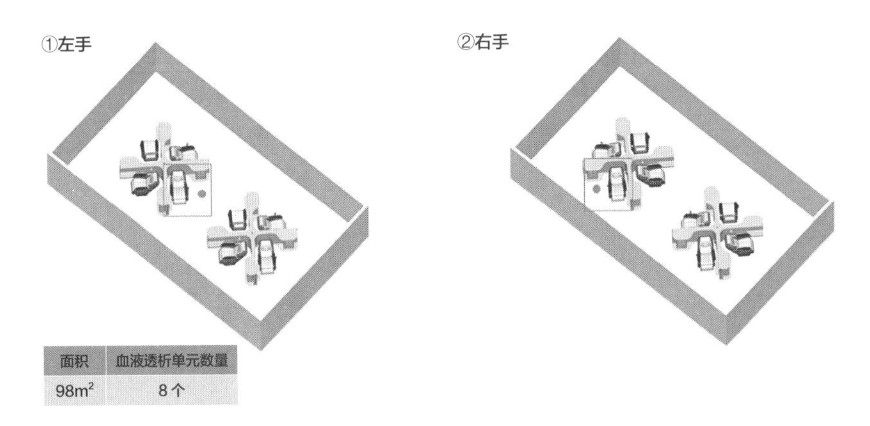

面积	血液透析单元数量
98m^2	8 个

图 4.3.43　新型透析单元 X 形布局图

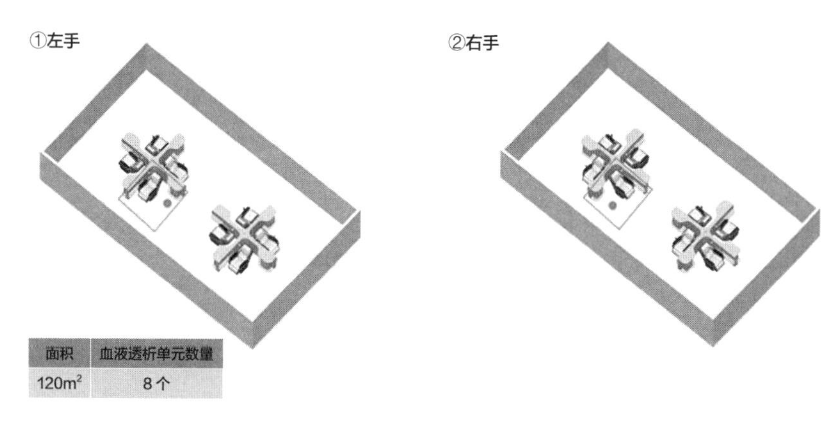

面积	血液透析单元数量
120m^2	8 个

图 4.3.44 新型透析单元十字形布局图

4.3.9 治疗准备室

治疗准备室用来配置透析中需要的药品；储存备用的消毒物品（缝合包、经脉切开包、置管及透析相关的物品等）等。根据阴性、阳性分区配各自相应治疗准备室。

本空间主要有配剂区、洗手区、存储区。配剂区主要为配药的功能区；洗手区主要为方便护理人员洗手；存储区主要为放置药品柜及冰箱区域。治疗准备室建议面积为 12~15m^2，预留智能药柜端口，不设置医用座椅，不设置洗涤池，根据院感要求预留医疗垃圾桶位置（图 4.3.45 ~ 图 4.3.47、表 4.3.25 ~ 表 4.3.29）。

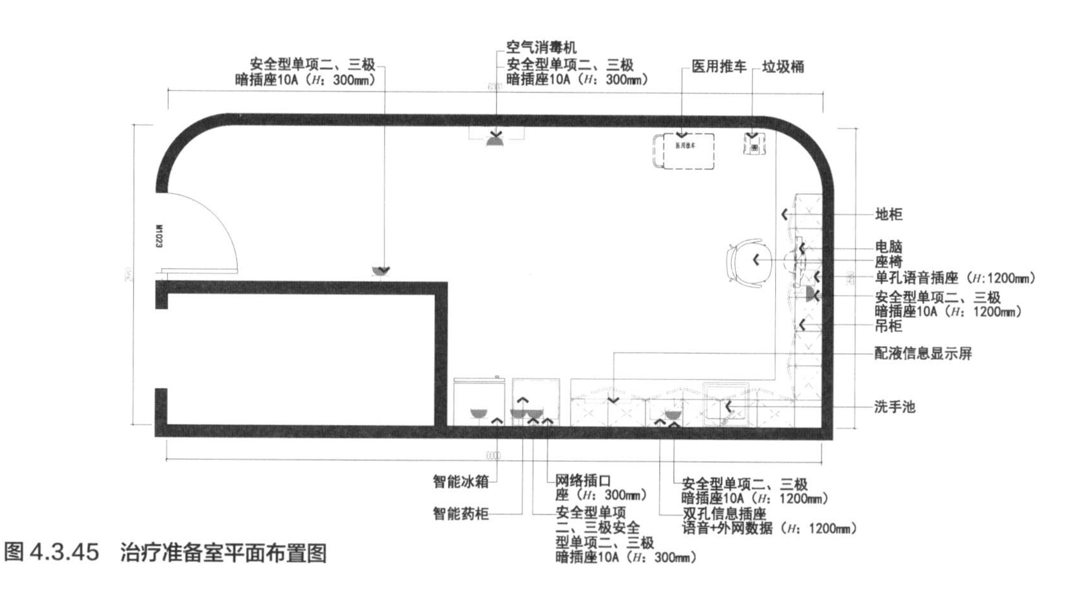

图 4.3.45 治疗准备室平面布置图

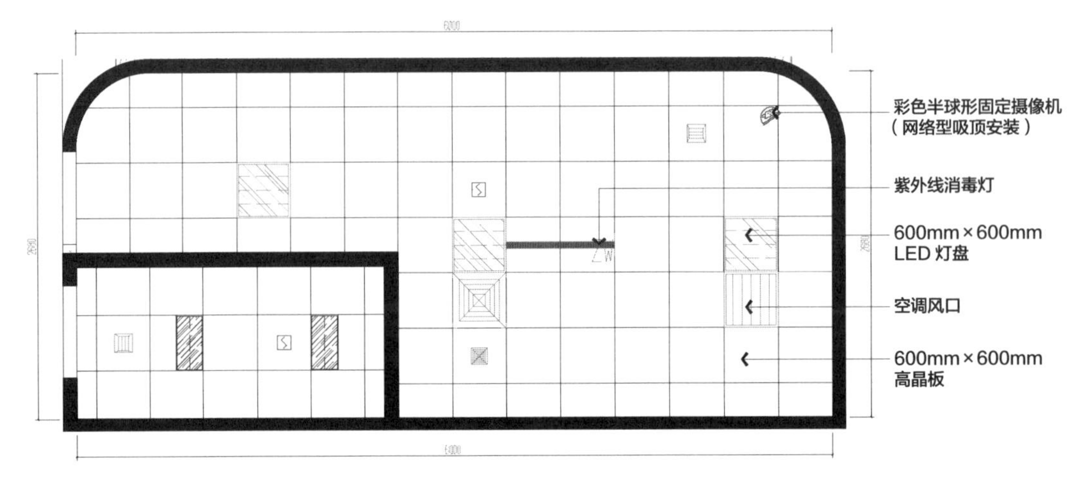

图 4.3.46　治疗准备室综合吊顶图

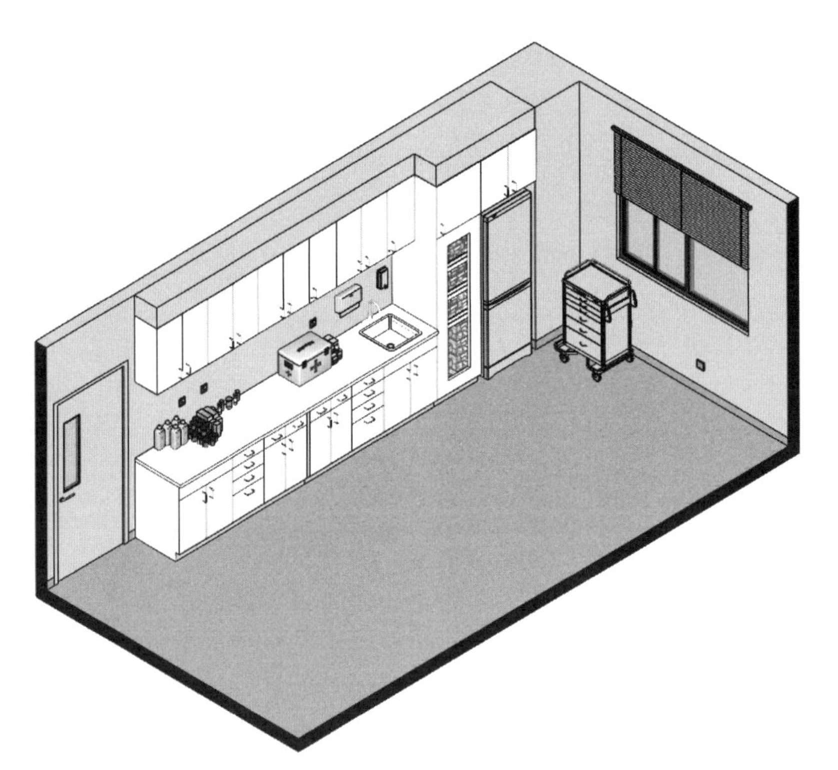

图 4.3.47　治疗准备室效果

治疗准备室应具备通风设施和 / 或空气消毒装置，光线充足、通风良好，达到《医院消毒卫生标准》GB 15982—2012 的Ⅲ类环境。

表 4.3.25 治疗准备室装修材料建议清单

序号	使用位置	材质	规格	备注 / 防火等级	备注
1	顶面	成品块板材料	厚度 16mm	A 级	可根据实际情况选择，吊顶标高建议设置为 2800~3000mm
2	墙面	无机涂料		A 级	
3	地面	弹性地材	厚度 2~3mm	B_1 级（有窗）	
4	踢脚	弹性地材	厚度 2mm，高 100mm	B_1 级（弧形踢脚）	
5	门	平开门防火门	根据建筑门洞确定	内部空间设置观察窗	
6	五金	钢制门锁，U 形把手			

表 4.3.26 治疗准备室服务控制参数

序号	限定值	数值	备注
1	照明常规照度（Lux）	300	
2	照明色温参数（K）	5000	5000~5500 自然光
3	照明显色指数（Ra）	≥ 80	
4	照明眩光值	19	
5	日间噪声 [dB（A）]	≤ 40	
6	生活热水水温（℃）	35~40	

表 4.3.27 治疗准备室设备配置清单

序号	主要设备名称	参考数量	备注
1	移动工作站	1 台	移动工作站
2	多功能推车	1 个	多功能推车

表 4.3.28 治疗准备室机电配置清单

序号	主要设备名称	参考数量（个）	备注
1	插座	5	台面以上 2 个
2	网口	3	台面以上 2 个
3	紫外线消毒灯	1	根据实际设置
4	电话端口	1	
5	配液信息显示屏	1	
6	洗手池	1	感应龙头、洗手液、纸巾盒

表 4.3.29 治疗准备室办公设施配置清单

序号	主要设备名称	参考数量	备注
1	操作台配吊柜	1 组	长度＞ 3000mm
2	电脑	1 台	
3	空气消毒机	1 组	遥控式
4	智能冰箱	1 台	
5	智能药柜	1 台	
6	垃圾桶	1 个	垃圾分类

4.3.10 患者走廊

患者走廊，此区域处于透析大厅与治疗护理单元之间，洁净要求同透析治疗区一致（图 4.3.48~ 图 4.3.51、表 4.3.30~ 表 4.3.33）。

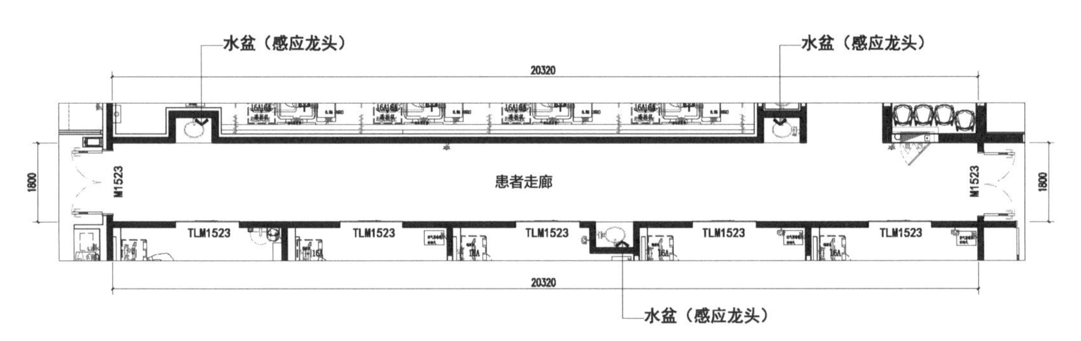

图 4.3.48 患者走廊平面图

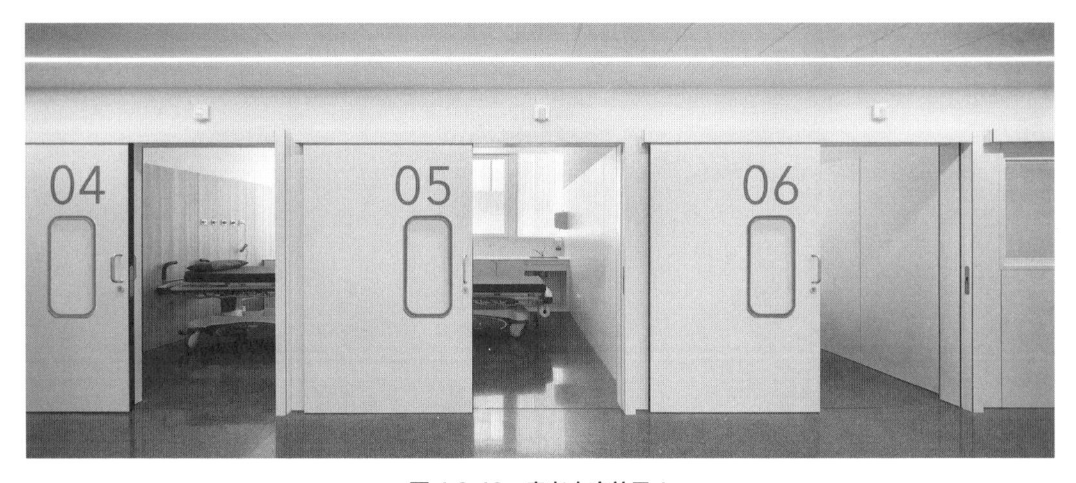

图 4.3.49 患者走廊效果 1

图 4.3.50 患者走廊效果 2

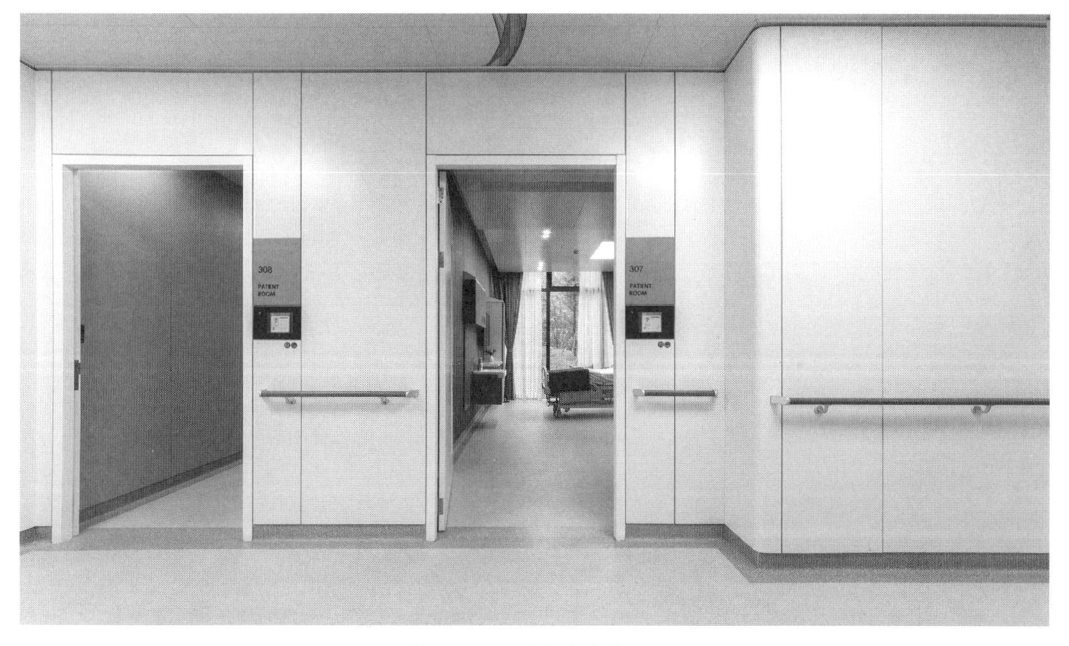

图 4.3.51 患者走廊效果 3

表 4.3.30　患者走廊室内装修材料建议清单

序号	使用位置	材质	规格	防火等级	备注
1	顶面	成品块板材料	厚度 16mm	A 级	可根据实际情况选择，吊顶标高建议设置为 2800~3000mm
2	墙面	无机涂料 / 抗菌树脂板	厚度 2~8mm	A 级 / B_1 级	
3	地面	弹性地材	厚度 2~3mm	B_1 级（有窗）	
4	踢脚	弹性地材	厚度 2mm，高 100mm	B_1 级（弧形踢脚）	

表 4.3.31　患者走廊服务控制参数

序号	限定值	数值	备注
1	照明常规照度（Lux）	100	
2	照明色温参数（K）	5000	5000~5500 自然光
3	照明显色指数（Ra）	≥ 80	
4	照明眩光值	19	
5	日间噪声 [dB（A）]	≤ 40	

表 4.3.32　患者走廊机电配置清单

序号	主要设备名称	参考数量（个）	备注
1	插座	3	根据实际设置
2	紫外线消毒灯	1	根据实际设置

表 4.3.33　患者走廊设施配置清单

序号	主要设备名称	参考数量	备注
1	垃圾桶	1 个	垃圾分类

4.3.11 VIP 透析间

随着时代发展，满足高端医疗需求的单人间逐渐成为主流，房间内部的功能及装饰效果等设计要点显得尤为重要。VIP 透析间主要服务于高端人群，单人病房一般设置在治疗区最里侧，形成独立的房间，为患者提供更加舒适及安静的治疗环境，且更好地保护患者隐私，减少医院环境对患者的不良刺激与影响，消除患者恐惧、紧张等心理，有利身心恢复（图 4.3.52~ 图 4.3.55、表 4.3.34~ 表 4.3.38）。

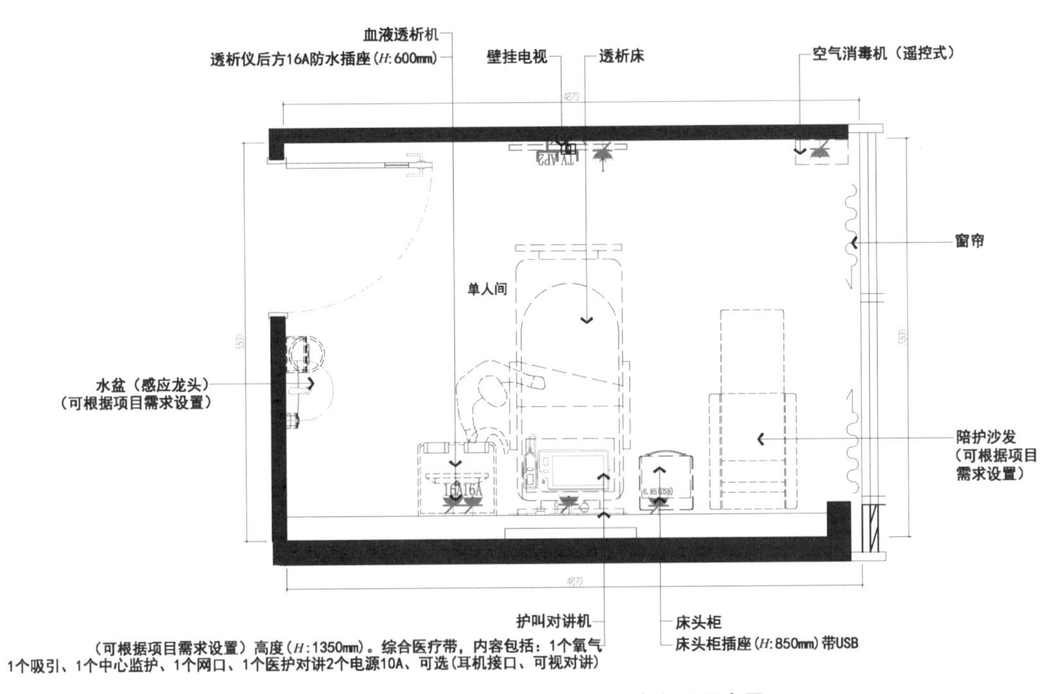

图 4.3.52 VIP 透析间平面布置

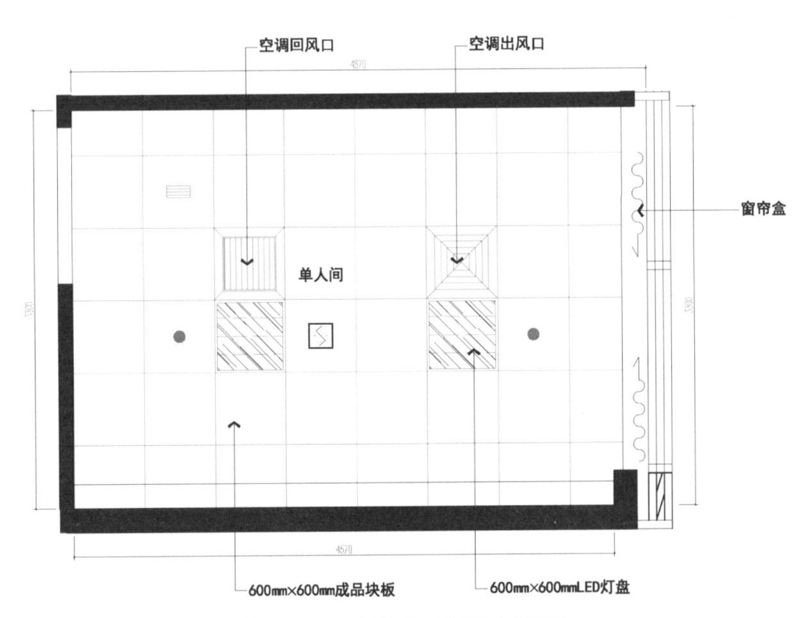

图 4.3.53 VIP 透析间综合吊顶图

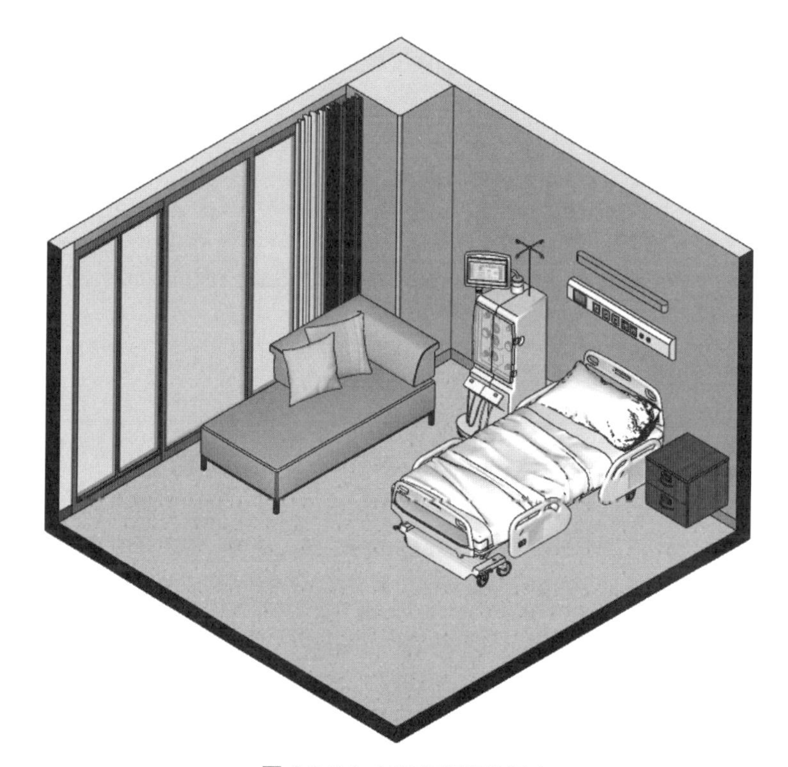

图 4.3.54　VIP 透析间效果 1

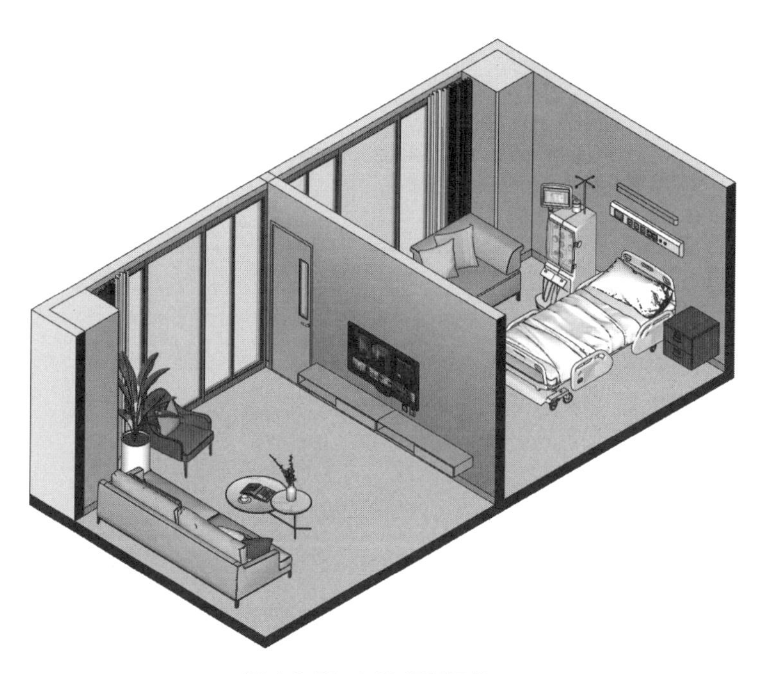

图 4.3.55　VIP 透析间效果 2

表 4.3.34 VIP 透析间室内装修材料建议清单

序号	使用位置	材质	规格	防火等级	备注
1	顶面	双层石膏板无机涂料	厚度 9.5mm	A 级	可根据实际情况选择吸声材料，吊顶标高建议设置为 2800~3000mm
		成品块板材料	厚度 16mm	A 级	可根据实际情况选择吸声材料，吊顶标高建议设置为 2800~3000mm
2	墙面	抗菌壁纸		B_1 级	
		抗菌树脂板	厚度 5mm	B_1 级	
3	地面	弹性地材	厚度 2~3mm	B_1 级（有窗）	
4	踢脚	弹性地材	厚度 2mm，高 100mm	B_1 级（弧形踢脚）	
5	门	推拉门、平开门	根据建筑门洞确定		需抗撞击，防划痕 需满足无障碍规范要求，内部空间设置观察窗
6	五金	钢制门锁，U 形把手			

表 4.3.35 VIP 透析间服务控制参数

序号	限定值	数值	备注
1	照明常规照度（Lux）	300	
2	照明色温参数（K）	5000	5000~5500 自然光
3	照明显色指数（Ra）	⩾ 80	
4	照明眩光值	19	
5	日间噪声 [dB（A）]	⩽ 40	
6	生活热水水温（℃）	35~40	

表 4.3.36 VIP 透析间设备配置清单

序号	主要设备名称	参考数量	备注
1	病床 / 透析椅	1 张	透析大厅床位区为病床（床边桌）；坐式透析区为透析座椅
2	血液透析机	1 台	集中供液接口
3	医疗设备带	1 组	
4	空气消毒机	1 组	壁挂式
5	医用推车	1 个	可根据实际情况选择

表 4.3.37　VIP 透析间机电配置清单

序号	主要设备名称	参考数量（个）	备注
1	氧气	1	每组设备 1 个
2	真空吸引	1	每组设备 1 个
3	医疗插座	4	16A 插座 1 个，UPS 透析及供电，短路后不影响其他设备运行；10A/5 孔插座至少设置 2 组，保证监护及其他抢救设备使用；设备带插座尽量使用防水保护
4	病床插座	2	电动床 / 椅、电动床垫
5	床头柜插座	1	患者手机使用
6	电视插座	2	
7	网口	2	血透信息系统联机使用，中心监护端口
8	医护对讲	1	每组设备 1 个，医护对讲系统用于病人呼叫医护人员
9	床头卡	1	每组设备 1 个
10	阅读灯	1	每组设备 1 个
11	中文信息发布屏幕		根据实际设置
12	电视端口		
13	洗手池		感应式龙头、洗手液、皂液盒
14	反渗水供水接口	1	H=200~300mm（根据设备厂家设置）
15	透析废液排水接口	1	H=200~300mm（根据设备厂家设置）

表 4.3.38　VIP 透析间家具配置清单

序号	主要设备名称	参考数量	备注
1	床头柜	1 个	
2	医用隔帘	1 组	
3	空气消毒机	1 组	遥控式
4	陪护座椅	1 把	
5	垃圾桶	1 个	垃圾分类

4.3.12 阳性透析治疗区

阳性透析治疗区是专供具有乙型和丙型肝炎病毒、梅毒和 HIV 的患者，以及肺结核等呼吸道传染病患者进行血液透析的区域，可自成一区，也可以设置不同单人治疗间，基本要求同前文阴性透析治疗区。此类患者可在阳性透析治疗区进行专机血液透析（图 4.3.56、图 4.3.57，表 4.3.39~ 表 4.3.43）。

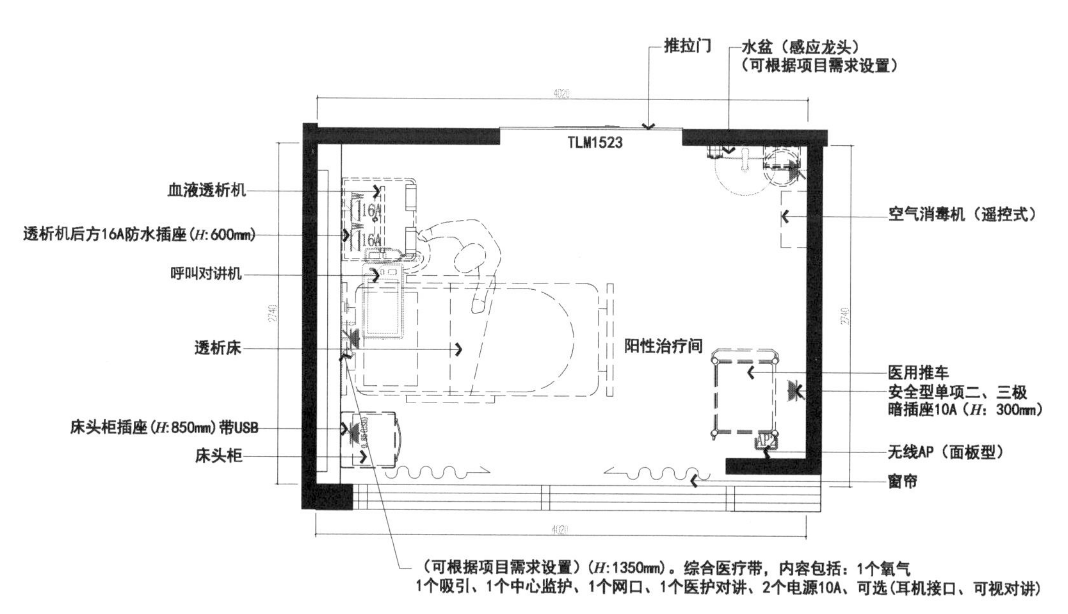

图 4.3.56 阳性透析单人间平面布置

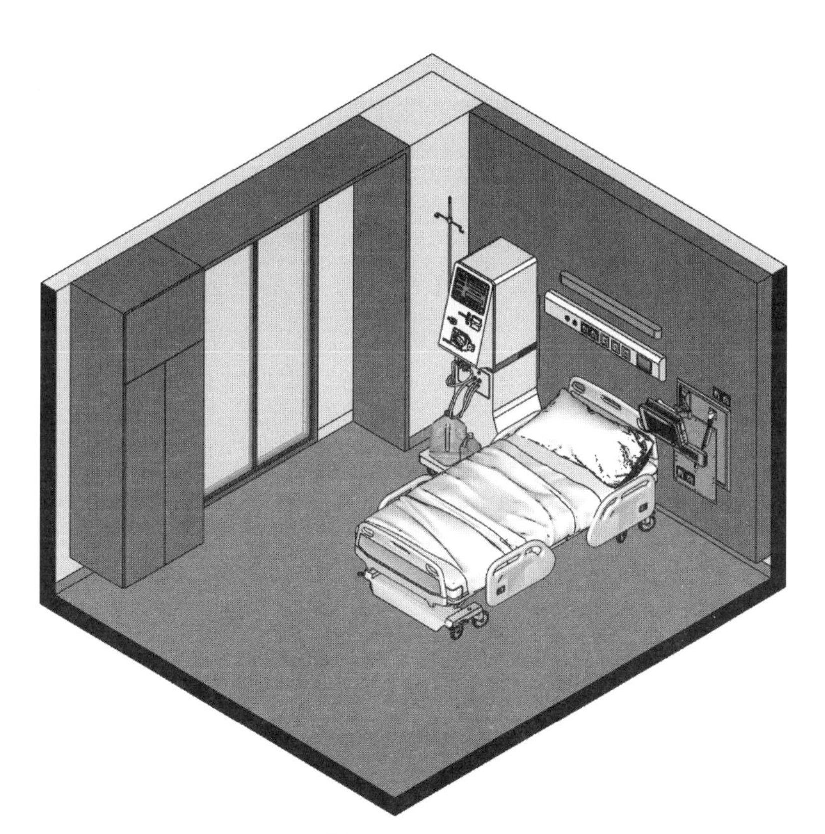

图 4.3.57 阳性透析单人间效果

表 4.3.39　阳性透析单人间室内装修材料建议清单

序号	使用位置	材质	规格	防火等级	备注
1	顶面	双层石膏板无机涂料	厚度 9.5mm	A 级	可根据实际情况选择，吊顶标高建议设置为 2800~3000mm
		成品块板材料	厚度 16mm	A 级	可根据实际情况选择，吊顶标高建议设置为 2800~3000mm
2	墙面	抗菌无机涂料	厚度 2mm	A 级	
		抗菌树脂板	厚度 2~8mm	B_1 级	
3	地面	弹性地材	厚度 2~3mm	B_1 级（有窗）	
4	踢脚	弹性地材	厚度 2mm，高 100mm	B_1 级（弧形踢脚）	
5	门	推拉门、平开门	根据建筑门洞确定		需抗撞击，防划痕需满足无障碍规范要求，内部空间设置观察窗
6	五金	钢制门锁，U 形把手			

表 4.3.40　阳性透析单人间服务控制参数

序号	限定值	数值	备注
1	照明常规照度（Lux）	300	
2	照明色温参数（K）	5000	5000~5500 自然光
3	照明显色指数（Ra）	≥ 80	
4	照明眩光值	19	
5	日间噪声 [dB（A）]	≤ 40	
6	生活热水水温（℃）	35~40	

表 4.3.41　阳性透析单人间设备配置清单

序号	主要设备名称	参考数量	备注
1	病床 / 透析椅	1 张	透析大厅床位区为病床（床边桌）；坐式透析区为透析座椅
2	血液透析机	1 台	集中供液接口
3	医疗设备带	1 组	
4	空气消毒机	1 组	壁挂式
5	医用推车	1 个	可根据实际情况选择

表 4.3.42 阳性透析单人间机电配置清单

序号	主要设备名称	参考数量（个）	备注
1	氧气	1	每组设备 1 个
2	真空吸引	1	每组设备 1 个
3	医疗插座	4	16A 插座 1 个，UPS 透析及供电，短路后不影响其他设备运行；10A/5 孔插座至少设置 2 组，保证监护及其他抢救设备使用；设备带插座尽量使用防水保护
4	病床插座	2	电动床 / 椅、电动床垫
5	床头柜插座	1	患者手机使用
6	网口	2	血透信息系统联机使用，中心监护端口
7	医护对讲	1	每组设备 1 个，医护对讲系统用于病人呼叫医护人员
8	床头卡	1	每组设备 1 个
9	阅读灯	1	每组设备 1 个
10	中文信息发布屏幕		根据实际设置
11	洗手池		感应式龙头、洗手液、皂液盒
12	反渗水供水接口	1	H=200~300mm（根据设备厂家设置）
13	透析废液排水接口	1	H=200~300mm（根据设备厂家设置）

表 4.3.43 阳性透析单人间家具配置清单

序号	主要设备名称	参考数量	备注
1	床头柜	1 个	
2	医用隔帘	1 组	
3	空气消毒机	1 组	遥控式
4	陪护座椅	1 把	
5	垃圾桶	1 个	垃圾分类

4.3.13 污物间、污洗间

污物间的功能为污物分类收集，中转存放本区域污染物品，存放该区域的生活垃圾、污衣、污被服等。污洗间的功能为透析治疗过后的器材、用具等在此进行清洗、灭菌处理后，传递入污物电梯或污物间，因此需要设置洗刷池等设施。这两个空间对外要单独设置门禁系统。阳性患者垃圾与阴性患者垃圾要分开放置，并设置不同的独立污物间。两者面积设置建议均不小于 8.5m^2（图 4.3.58~图 4.3.61、表 4.3.44~ 表 4.3.47）。

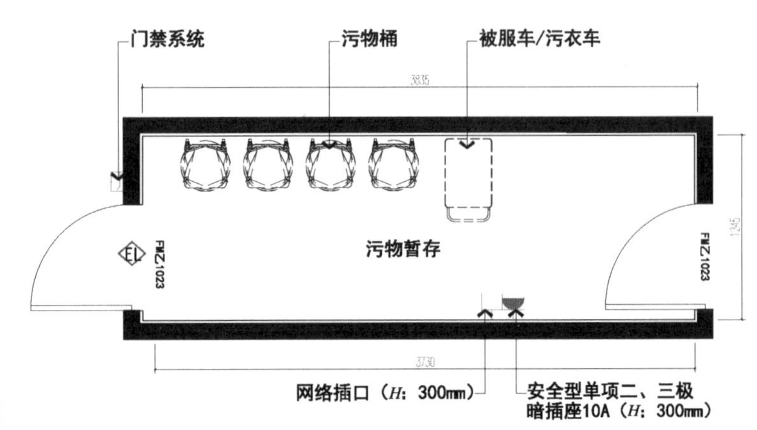

图 4.3.58　污物间平面布置图

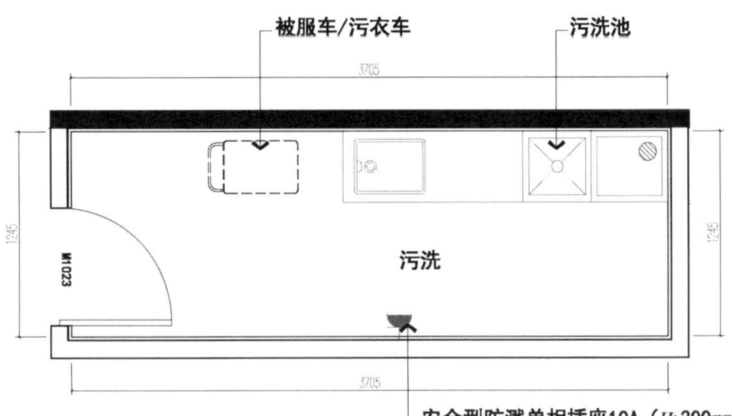

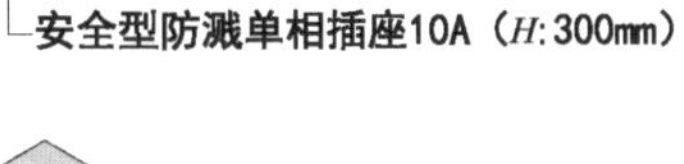

图 4.3.59　污洗间平面布置图

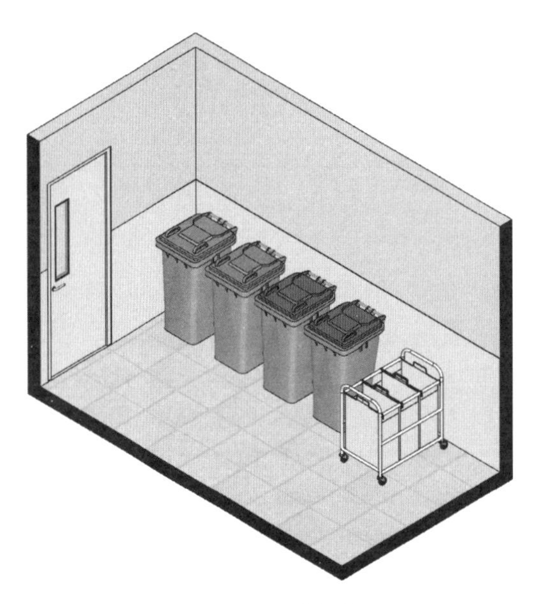

图 4.3.60　污物间效果

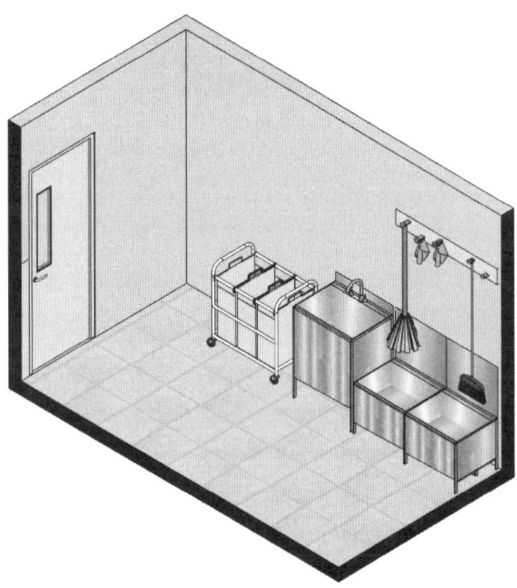

图 4.3.61　污洗间效果

表 4.3.44　污物间、污洗间室内装修材料建议清单

序号	使用位置	材质	规格	防火等级	备注
1	顶面	铝合金扣板	厚度 0.8~1.2mm	A 级	可根据实际情况选择，吊顶标高建议设置为 2800~3000mm
2	墙面	瓷砖	厚度 10mm	A 级	
3	地面	防滑瓷砖	厚度 10mm	A 级	
4	门	平开门防火门	根据建筑门洞确定		
5	五金	钢制门锁，U 形把手			

表 4.3.45　污物间、污洗间服务控制参数

序号	限定值	数值	备注
1	照明常规照度（Lux）	200	
2	照明色温参数（K）	6000	
3	照明显色指数（Ra）	≥ 80	
4	照明眩光值		
5	日间噪声 [dB（A）]	≤ 40	
6	生活热水水温（℃）	35~40	

表 4.3.46　污物间、污洗间机电配置清单

序号	主要设备名称	参考数量（个）	备注
1	插座	2	根据实际设置
2	网口	1	根据实际设置
3	紫外线消毒灯	1	根据实际设置
4	洗手池	1	感应龙头、洗手液、纸巾盒
5	拖布池	1	

表 4.3.47　污物间、污洗间设施配置清单表

序号	主要设备名称	参考数量	备注
1	垃圾桶	4 个	垃圾分类
2	洗衣车	2 辆	阴性、阳性单独分开

4.3.14
水处理间

水处理间面积应为水处理机占地面积的 1.5 倍以上。地面承重应符合设备要求。地面应进行防水处理并设置地漏。水处理间应维持合适的室温，并有良好的隔声和通风条件。放置处应有水槽或排水管道（此房间考虑结构降板 300mm），防止水外漏。水处理机的自来水供给量应满足要求，入口处应安装压力表。入口压力应符合设备要求。透析机供水管路、管件应选用无毒和非金属（不锈钢除外）材料制备，保证管路通畅不逆流，没有死角和死循环，避免死角区滋生细菌（图 4.3.62、图 4.3.63、表 4.3.48~ 表 4.3.50）。

地面应进行防水处理并设置耐腐蚀耐高温地漏，应做不积水处理，水处理间还应安装空气消毒机和带除湿功能的空调。

水处理设备应避免日光直射，放置处应有水槽（300mm×300mm）。

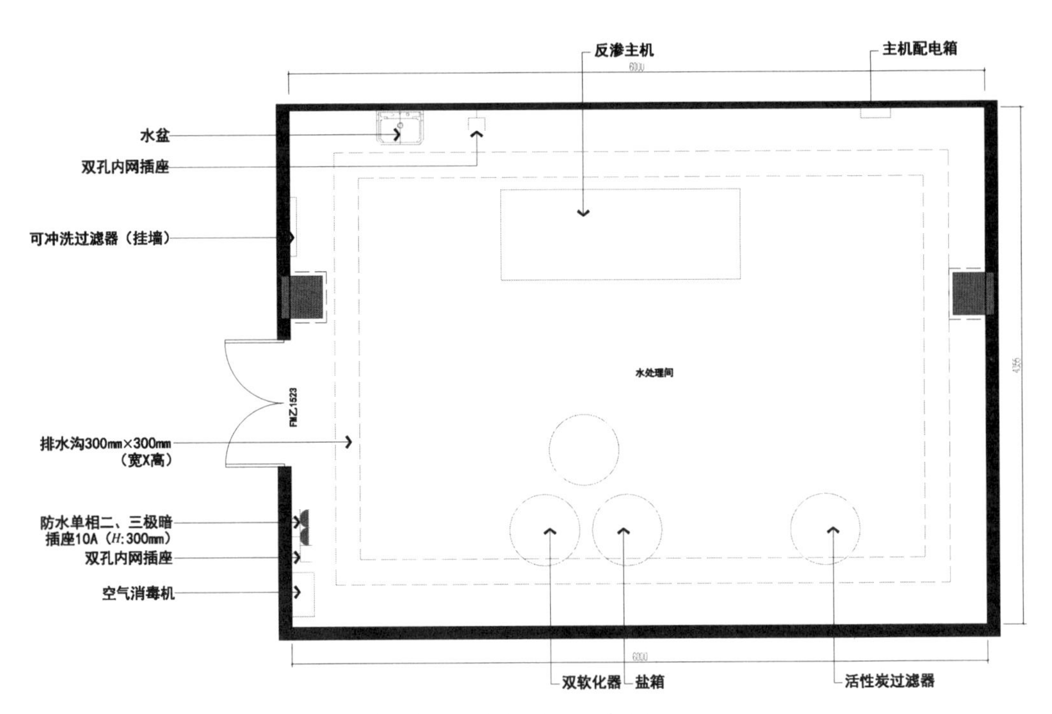

图 4.3.62　水处理间平面布置图

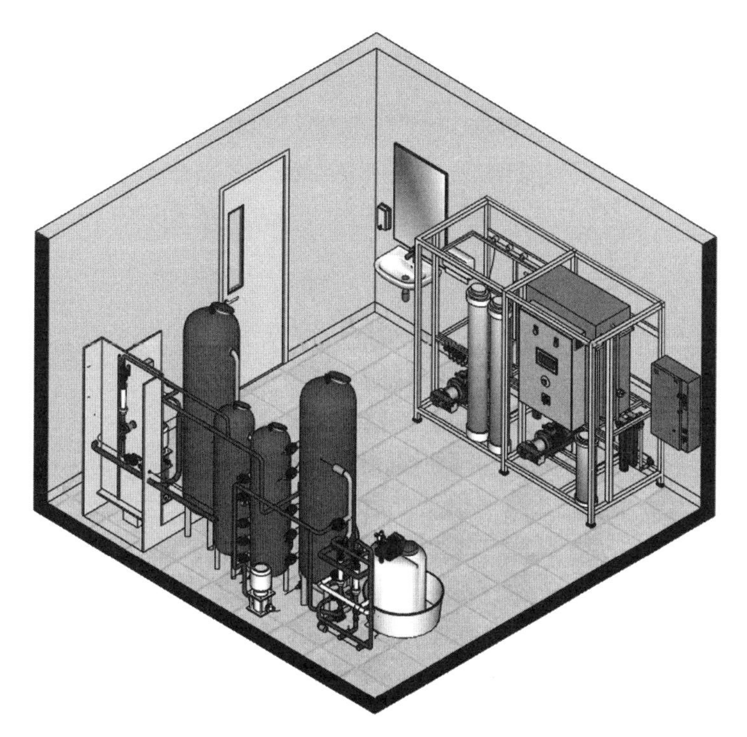

图 4.3.63 水处理间效果

表 4.3.48 水处理间室内装修材料建议清单

序号	使用位置	材质	规格	防火等级	备注
1	顶面	铝合金扣板（防水）	厚度 0.8~1.2mm	A 级	可根据实际情况选择，吊顶标高建议设置为 2800~3000mm
3	墙面	瓷砖（防水）	厚度 10mm	A 级	
4	地面	防滑瓷砖（防水）	厚度 10mm	A 级	
5	门	平开门防火门	根据建筑门洞确定		
6	五金	钢制门锁，U 形把手			

表 4.3.49 水处理间服务控制参数

序号	限定值	数值	备注
1	照明常规照度（Lux）	150	
2	照明色温参数（K）	6000	
3	照明显色指数（Ra）	60	
4	照明眩光值		
5	日间噪声 [dB（A）]	≤ 45	

表 4.3.50 水处理间机电配置清单

序号	主要设备名称	参考数量（个）	备注
1	插座	4	根据实际设置
2	网口	2	根据实际设置
3	紫外线消毒灯	1	根据实际设置

4.3.15 配液间

配液间应位于透析中心清洁区内相对独立的区域，周围无污染源，符合《医院消毒卫生标准》GB 15982—2012 的Ⅲ类环境。保持环境清洁。配液间房间的选择应满足供液系统安装的要求如下：

1）配液间面积应为中心供液装置占地面积的 1.5 倍以上，周围有足够的空间进行设备检修及维护；地面承重应符合设备要求；地面应进行防水处理并设置地漏。

2）配液间应保持干燥，水电分开；具有良好的隔声和通风设施，满足中心供液设备所需的温度、湿度和气压。中心供液设备应避免日光直射。

3）配液所用的反渗水应符合《血液透析及相关治疗用水》YY 0572—2015 的标准，反渗水供应量应满足透析液的配液要求。

4）用干粉 + 反渗透水溶解稀释，用集中供液机通过埋地管道输送到透析机终端。常用的透析液分为 A、B 液。A 浓缩液成分包括氯化钠、氯化钾、氯化钙等的水溶液；B 浓缩液主要成分有碳酸氢钠或碳酸氢钠和氯化钠。若建筑条件允许，浓缩液库房与配液间分开设置。

5）设置配液间则应避免与水处理间同室，且地面承重应符合配液罐、桶的容积要求，地面除做防水处理外还要使用耐酸材料并设置耐腐蚀、耐高温地漏，保持通风。透析粉应分别码放在托架上，距地面大于或等于 200mm，距墙壁大于或等于 50mm，不可以直接摆放在地面（表 4.3.51~ 表 4.3.53）。

表 4.3.51 配液间室内装修材料建议清单

序号	使用位置	材质	规格	防火等级	备注
1	顶面	成品块板材料	厚度 16mm	A 级	可根据实际情况选择，吊顶标高建议设置为 2800~3000mm
2	墙面	无机涂料		A 级	
3	地面	弹性地材	厚度 2~3mm	B_1 级（有窗）	
4	踢脚	弹性地材	厚度 2~3mm，高 100mm	B_1 级（弧形踢脚）	
5	门	平开门	根据建筑门洞确定		需抗撞击，防划痕
6	五金	钢制门锁，U 形把手			

表 4.3.52 配液间服务控制参数

序号	限定值	数值	备注
1	夏最大温度范围（℃）	24~26	
2	冬采暖温度（℃）	22~24	
3	照明常规照度（Lux）	300	
4	照明色温参数（K）	6000	
5	照明显色指数（Ra）	≥ 80	
6	照明眩光值		
7	日间噪声 [dB（A）]	≤ 40	

表 4.3.53 配液间机电配置清单

序号	主要设备名称	参考数量（个）	备注
1	插座	1	根据实际设置
2	网口	1	根据实际设置
3	紫外线消毒灯	1	根据实际设置

4.3.16 干库房

干库房设置在血液透析中心洁净区，是用来存放透析器、管路、穿刺针等耗材，以及布类、文件类等的库房（表 4.3.54~ 表 4.3.56）。

干库房设置应符合《医院消毒卫生标准》GB 15982—2012 Ⅲ类环境规定。

表 4.3.54　干库房室内装修材料建议清单

序号	使用位置	材质	规格	防火等级	备注
1	顶面	成品块板材料	厚度 16mm	A 级	可根据实际情况选择，吊顶标高建议设置为 2800~3000mm
2	墙面	无机涂料		A 级	
3	地面	防滑瓷砖	厚度 10mm	A 级	
4	踢脚	瓷砖	厚度 10mm	A 级	
5	门	平开门防火门	根据建筑门洞确定		
6	五金	钢制门锁，U 形把手			

表 4.3.55　干库房服务控制参数

序号	限定值	数值	备注
1	照明常规照度（Lux）	200	
2	照明色温参数（K）	6000	
3	照明显色指数（Ra）	≥ 80	
4	照明眩光值		
5	日间噪声 [dB（A）]	≤ 40	

表 4.3.56　干库房机电配置清单

序号	主要设备名称	参考数量（个）	备注
1	插座	1	根据实际设置
2	网口	1	根据实际设置
3	电话	1	根据实际设置
4	紫外线消毒灯	1	

4.3.17 湿库房

湿库房设置在血液透析洁净区，是用来存放透析液、透析干粉生理盐水等的库房。

湿库房设置应符合《医院消毒卫生标准》GB 15982—2012 Ⅲ类环境规定；湿库应通风良好，安置空调，保持适应的温度（表 4.3.57~表 4.3.59）。

表 4.3.57 湿库房室内装修材料建议清单

序号	使用位置	材质	规格	备注 / 防火等级
1	顶面	成品块板材料	厚度 16mm	A 级
2	墙面	瓷砖	厚度 10mm	A 级
3	地面	防滑瓷砖	厚度 10mm	A 级
4	门	平开门防火门	根据建筑门洞确定	
5	五金	钢制门锁，U 形把手		

表 4.3.58 湿库房服务控制参数

序号	限定值	数值	备注
1	照明常规照度（Lux）	200	
2	照明色温参数（K）	6000	
3	照明显色指数（Ra）	≥ 80	
4	照明眩光值		
5	日间噪声 [dB（A）]	≤ 40	

表 4.3.59 湿库房机电配置清单

序号	主要设备名称	参考数量（个）	备注
1	插座	1	根据实际设置
2	网口	1	根据实际设置
3	紫外线消毒灯	1	根据实际设置

4.3.18 办公区会议室

办公区会议室用于临床科学的教学、培训、学术交流、病房讨论、会诊等活动，满足会议示教、远程会诊等要求，包含会议区、演示区，可根据科室人员数量、专科特点、使用频率等确定其面积大小。其面积建议 1.5~2m^2/ 人（图 4.3.64、图 4.3.65、表 4.3.60~ 表 4.3.63）。

会议区：主要家具设备为医护座椅及会议桌等，可考虑使用拼接的会议桌，方便后期灵活调整座位。

演示区：设置活动多媒体柜、显示屏、幕布、远程会诊摄像头等。

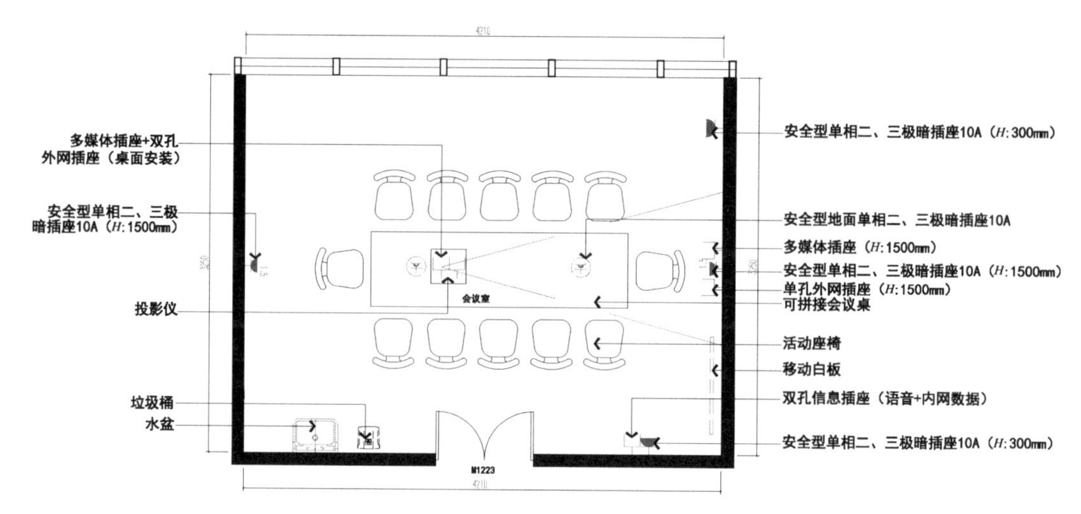

图 4.3.64　办公区会议室平面布置图

图 4.3.65　办公区会议室效果

表 4.3.60 办公区会议室室内装修材料建议清单

序号	使用位置	材质	规格	防火等级	备注
1	顶面	双层石膏板无机涂料	厚度 9.5mm	A 级	可根据实际情况选择，吊顶标高建议设置为2800~3000mm
		成品块板材料	厚度 16mm（吸声）	A 级	可根据实际情况选择，吊顶标高建议设置为2800~3000mm
2	墙面	吸声墙板	厚度 15mm	B_1 级	
3	地面	弹性地材	厚度 2mm	B_1 级	
4		防滑人造石	厚度 20mm	A 级（弧形踢脚）	
5	门	平开门	根据建筑门洞确定	内部空间设置观察窗	
6	五金	钢制门锁，U 形把手			

表 4.3.61 办公区会议室服务控制参数

序号	限定值	数值	备注
1	照明常规照度（Lux）	300	
2	照明色温参数（K）	6000	
3	照明显色指数（Ra）	≥ 80	
4	照明眩光值	19	
5	日间噪声 [dB（A）]	≤ 40	

表 4.3.62 办公区会议室机电配置清单

序号	主要设备名称	参考数量（个）	备注
1	插座	7	根据实际设置，会议桌预留接线口
2	网口	5	根据实际设置，会议桌预留接线口
3	电话	1	
4	DMT	2	根据实际设置，会议桌预留接线口
5	观片灯	1	
6	紫外线消毒灯	1	根据实际设置

表 4.3.63　办公区会议室办公设施配置清单

序号	主要设备名称	参考数量	备注
1	会议桌	1 张	使用可拼接的会议桌
2	座椅	20 把	根据实际设置
3	移动白板	1 组	
4	显示器 / 投影幕	1 台	
5	投影仪	1 台	
6	垃圾桶	1 个	

4.3.19 主任及护士长办公室

科室主任及护士长是该科室的领导和管理者，病区的科室主任要参与临床工作，并负责本科室的教学、科研及行政管理工作，其办公室应兼具办公、接待洽谈、休息功能等。

主任及护士长办公室宜设置在相对安静的区域，可临近医生办公室和会议室，便于工作联系。若为公立医院，面积可结合科室实际情况并参考《党政机关办公用房建设标准》中指导面积的要求，设置办公区、接待区、洗手区（图 4.3.66、图 4.3.67、表 4.3.64~ 表 4.3.67）。

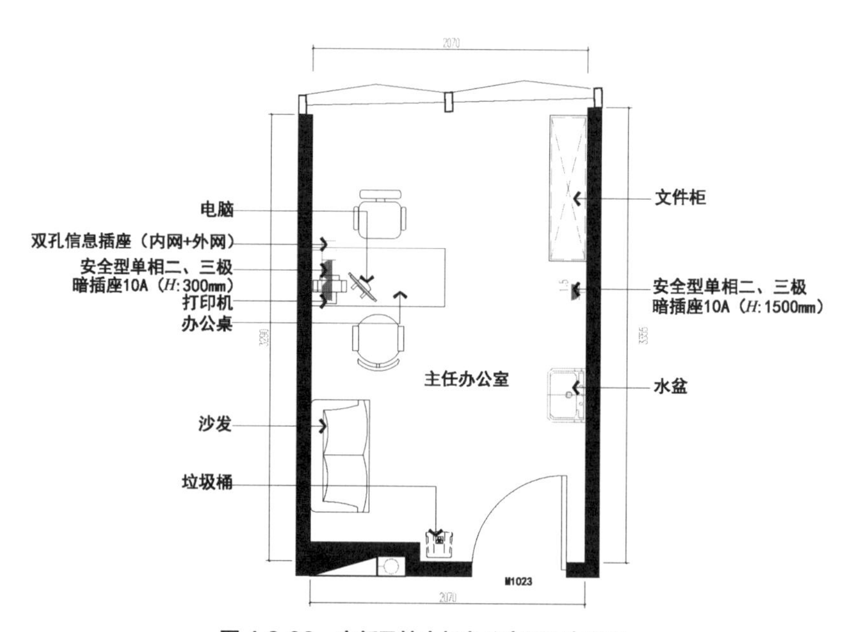

图 4.3.66　主任及护士长办公室平面布置图

图 4.3.67　主任及护士长办公室效果

表 4.3.64　主任及护士长办公室室内装修材料建议清单

<table>
<tr><th>序号</th><th>使用位置</th><th>材质</th><th>规格</th><th>防火等级</th><th>备注</th></tr>
<tr><td rowspan="2">1</td><td rowspan="2">顶面</td><td>双层石膏板
无机涂料</td><td>厚度 9.5mm</td><td>A 级</td><td>可根据实际情况选择，吊顶标高建议设置为 2800~3000mm</td></tr>
<tr><td>成品块板材料</td><td>厚度 16mm</td><td>A 级</td><td>可根据实际情况选择，吊顶标高建议设置为 2800~3000mm</td></tr>
<tr><td>2</td><td>墙面</td><td>无机涂料</td><td></td><td>A 级</td><td></td></tr>
<tr><td rowspan="2">3</td><td rowspan="2">地面</td><td>弹性地材</td><td>厚度 2mm</td><td>B_1 级（弧形踢脚）</td><td></td></tr>
<tr><td>防滑人造石</td><td>厚度 20mm</td><td>A 级</td><td></td></tr>
<tr><td>4</td><td>门</td><td>平开门</td><td>根据建筑门洞确定</td><td>内部空间设置观察窗</td><td></td></tr>
<tr><td>5</td><td>五金</td><td>钢制门锁，
U 形把手</td><td></td><td></td><td></td></tr>
</table>

表 4.3.65　主任及护士长办公室服务控制参数

序号	限定值	数值	备注
1	照明常规照度（Lux）	300	
2	照明色温参数（K）	6000	
3	照明显色指数（Ra）	≥ 80	
4	照明眩光值	19	
5	日间噪声 [dB（A）]	≤ 40	

表 4.3.66　主任及护士长办公室机电配置清单

序号	主要设备名称	参考数量（个）	备注
1	插座	4	根据实际设置
2	网口	2	内外网络
3	电话	1	
4	观片灯	1	根据实际设置
5	洗手池	1	洗手液、纸巾盒

表 4.3.67　主任及护士长办公室办公设施配置清单

序号	主要设备名称	参考数量	备注
1	办公桌	1 张	
2	座椅	2 把	可升降
3	书柜	1 组	
4	沙发	1 组	
5	垃圾桶	1 个	

办公区：设置办公桌、工作站、观片灯、打印机、电话软硬件接口、主任座椅、会客座椅、办公柜。

接待区：设置接待沙发，并可以作为小憩之所，还可设置饮水机。

洗手区：设置在房间入口位置，设置洗手柜盆、挂衣架，便于进屋洗手更换白大褂。

4.3.20 医生办公室

医生办公室是医生办公、学习、交流、研讨的场所。一般设置办公区、小型交流区、洗手区等，根据科室人员数量预置电话、网络、等信息端口。

医生办公室面积可根据科室实际情况和医生人员数量确定。每个工位面积可参考《全国民用建筑工程设计技术措施 规划·建筑·景观》中的内容：普通办公室人均最小使用面积为 4m²/ 人，应设置办公区、交流区、讨论区等（图 4.3.68、图 4.3.69，表 4.3.68~ 表 4.3.71）。

1）办公区：医生书写、录入病历及写医嘱等工作的区域，需设置医生工位、医生工作站、储物柜，办公桌排布宜设开放式，便于交流、研讨、教学等。

2）交流区：可设置小会议桌、观片灯，方便集中学习交流和交接班工作。

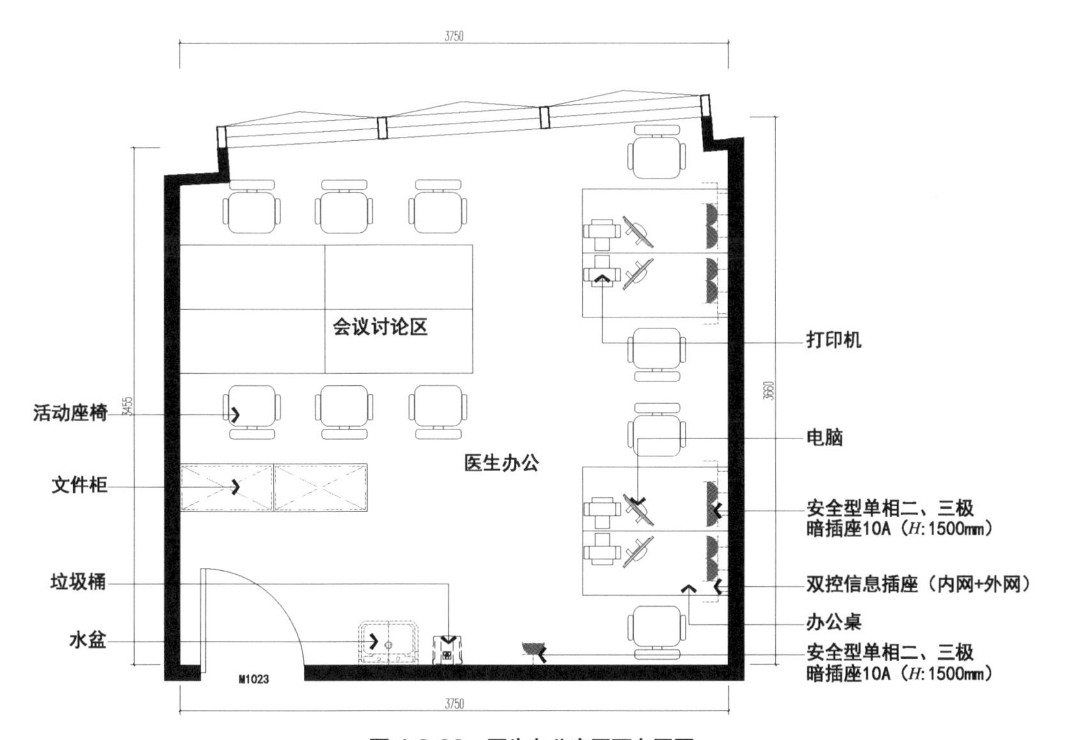

图 4.3.68 医生办公室平面布置图

图 4.3.69　医生办公室效果

表 4.3.68　医生办公室室内装修材料建议清单

序号	使用位置	材质	规格	防火等级	备注
1	顶面	双层石膏板 无机涂料	厚度 9.5mm	A 级	可根据实际情况选择，吊顶标高建议设置为2800~3000mm
		成品块板材料	厚度 16mm	A 级	可根据实际情况选择，吊顶标高建议设置为2800~3000mm
2	墙面	无机涂料		A 级	
3	地面	弹性地材	厚度 2mm	B_1 级	
		防滑人造石	厚度 20mm	A 级（弧形踢脚）	
4	门	平开门	根据建筑门洞确定	内部空间设置观察窗	
5	五金	钢制门锁， U 形把手			

表 4.3.69 医生办公室服务控制参数

序号	限定值	数值	备注
1	照明常规照度（Lux）	300	
2	照明色温参数（K）	6000	
3	照明显色指数（Ra）	≥ 80	
4	照明眩光值	19	
5	日间噪声 [dB（A）]	≤ 40	

表 4.3.70 医生办公室机电配置清单

序号	主要设备名称	参考数量（个）	备注
1	插座	2	每组工位
2	网口	2	每组工位
3	电话	1	每排工位设 1 个
4	观片灯	1	根据实际设置
5	打印机	1	每排工位设 1 个
6	洗手池	1	洗手液、纸巾盒

表 4.3.71 医生办公室办公设施配置清单

序号	主要设备名称	参考数量	备注
1	办公桌		根据实际情况配置
2	座椅		根据实际情况，可升降
3	书柜		根据实际情况配置
4	会议桌子	1 张	
5	垃圾桶		根据实际情况配置

3）洗手区：设置在房间入口位置，设置洗手柜盆、挂衣架，便于进屋洗手更换白大褂。

4.4 完善的功能设施和人性化的医疗环境

血液透析中心治疗的开展必须有完善医疗设施的支持，同时治疗之外的设施也同样重要，因此无论是透析机、水处理机等医疗功能设施，还是其他相关功能设施，如洗手间、公共电话、饮水机、电视机、报刊栏、手机充电、休闲运动等，都是需要考虑的建设因素。由于在血液透析治疗过程中，患者治疗及家属等待的时间非常长，患者和家属都会经历一段枯燥的等待时间，医护人员日复一日在一个单调的环境中工作，并且长时间接触病人，也会产生烦躁、低落等负面情绪。营造一个舒适、人性化的医疗空间，将有助于患者、家属以及医护人员在生理、心理上的调节。

通过对病患的生理、心理变化的研究，从空间环境的角度考虑如何缓解患者的心理负担，减轻疾病所带来的痛苦，使患者充分感受到鼓励与关怀，人性化的服务，可以最大限度地减轻身体上的病痛，尽量使病患处于接受治疗的最佳生理、心理状态。现代医学模式更是要求医院设计应以患者为中心，从患者的病理、生理、心理需求出发，人性化医疗环境设计的要求正是来源于此。病患与家属等候空间、医护人员使用空间需求的不同，对医疗空间也提出新的要求。对于血液透析中心的设计，在保证不影响透析中心内的正常的医疗流程之外，设计师要更多地为医患创造人性化的治疗空间。

色彩对血液透析患者的心理影响及作用:

色彩和装饰造型的相互关系决定了人们对室内空间的基本印象。别致的装饰造型与搭配舒适的色彩可以产生事半功倍的视觉效果。为保证室内色彩的统一效果，首先需要确定大面积的基本色调，然后再围绕基本色调，选择重点装饰的色彩。血液透析环境为封闭的室内环境，所使用的色彩能给患者带来最直观的视觉感受，颜色不宜过多，多彩颜色容易使人情绪紧张。其次，利用色彩所具有的物理、心理和生理性质，进行合理的色彩搭配，缓解患者焦虑的情绪，能帮助患者产生良好的治疗效果。我们可以借鉴日本的一些医疗福利机构在采用色彩方面使用的“容易理解的诱导方法”的心理治疗手段，利用不同的色彩装饰，为患者营造舒适的治愈环境，可以取得显著的治疗效果。

单从颜色来分析色彩感情，可以将颜色分成波长短的冷色调和波长长的暖色调。冷色给人带来凉意，如青、蓝色等。暖色则给人以温暖的感觉，如红、橙等。而绿，紫色则属中性色。医学上发现，红色，能促进血液循环、刺激神经，对抑郁、风湿患者有一定的缓解作用；粉红色，有安抚宽慰的作用；橙色，能活跃思维，对消化系统疾病有一定疗效；黄色，能适度刺激神经系统，浅米黄色常作为医院室内色彩的基础色调；绿色，生命之色，舒适祥和，安抚情绪，能给人希望；蓝色，清洁透明，可以调节神经，缓解肌肉紧张；紫色，镇定，松弛运动神经，对失眠、精神紧张的患者有一定的缓解作用。同时，利用良好的色彩方案将洁污区分开，可有效地预防交叉感染。

墙面是血液透析中心内主要的色彩界面，其色彩是整个环境的主导色。一般大面积的色彩宜淡雅，宜用高明度的调和色，同一空间领域的材质用料和色彩宜协调一致。不同领域可有所变化，可以参照手术室：一般选择米白、淡绿、淡蓝等浅色调，或其他色彩效果较为怡静的舒缓色。

吊顶色彩一般选用白色或米白色，可小面积使用其他浅色系的米色、淡绿、淡蓝等，不宜使用大面积深色或饱和度较高的颜色，容易形成压迫感。

地面色调不宜太深，一般选用暖灰色或浅灰色等较为舒心、干净的色彩，材质通常使用 PVC、橡胶、水磨石通铺等。

标识设计是色彩设计至关重要的环节，标识往往选择高饱和色彩，醒目且充满活力，并且用色彩线来引导不同的动线也是导向标识的一种。作为非常重要的配色环节，标识体系可以采用医院Ⅵ体系的主题色，或其他的橙色、蓝色、绿色等醒目的颜色，起到提示、指引作用。

随着老龄化社会的到来，老年群体是血液透析空间的主要病患和使用人群。此类疾病不会立即治愈康复，设计者必须将适老化色彩设计贯穿透析空间设计的始终，色彩的选择要充分考虑老年人的喜好和审美习性。根据研究表明，色彩的明度（即颜色深浅）变化有助于老人辨识色彩。针对老年人色彩设计应偏重采用古朴、平和、沉着的室内装饰色，可用米色、淡黄色等暖色来代替白色。从色彩类型上看，老年人更喜爱宁静、整洁、安逸、柔和、高雅的色彩，例如米白、浅灰、浅蓝、浅棕、浅褐色等，设计者在选用色彩时可酌情考虑（图 4.4.1）。

4.4.1 血液透析中心材料设计要点

材料的优化配置也是现代综合医院血液透析中心设计很重要的因素。设计师要根据血液透析中心的特点来选择合适的建筑材料。材料的合理运用不仅可以有效提高材料利用效率，降低医院的建设成

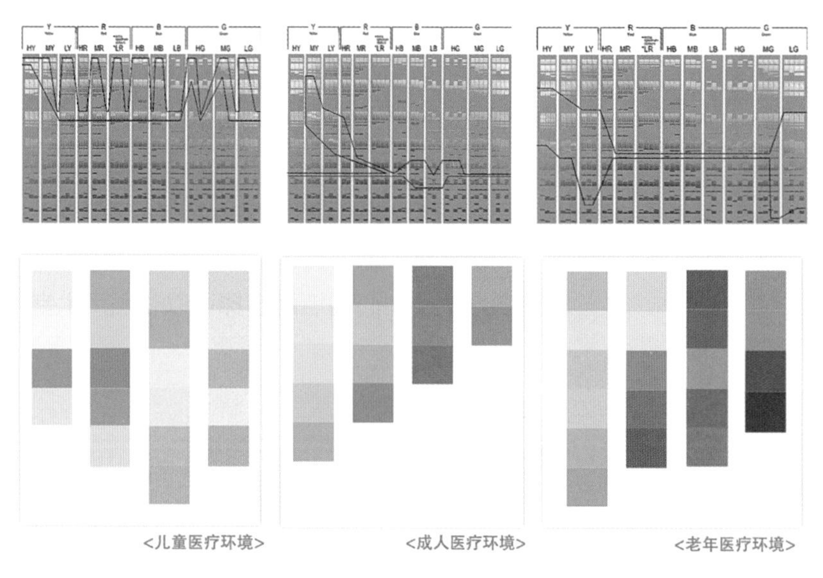

图 4.4.1　医疗环境色彩分析示意图

本，还是专科专属空间能否正常持久运行、维持医院医疗活动的重要条件。

《中国医院建设指南》中提出的材料选择的基本原则：医院建筑装修材料的选择直接关系到医院整体环境质量、卫生洁净标准以及医患人员的自身健康，必须严格选择符合医院建造卫生标准、环保标准的装饰材料。原则是：

1）创造一个舒适宜人的医疗、休养环境。

2）满足医院特殊要求，如洁净度、易清洁、耐腐蚀、防尘、防静电、防 X 射线等。

3）坚固耐用，便于施工与维修。

4）符合当地气候条件与当地使用习惯，就地选材或首选当地产材料。按照《综合医院建筑设计规范》GB 50139—2014 提出的“血液透析治疗室的室内装修和设施”与“一般手术室”相同。因此在血液透析中心相关界面的设计及材料选择上，可参照“一般手术室”的标准。

血液透析中心的地面材料，根据《医院血液净化中心（室）建设管理规范》规定，血液透析室的地面材料应当使用防水、耐酸碱的材料，并设置地漏；水处理间地面应进行防水处理并设置地漏。血液透析中心的墙面的基本要求是易清洗、耐腐蚀、抗撞击。

血液透析中心的墙面选择可以参照手术室：使用不开裂、阻燃、易清洁、耐碰撞的材料。目前使用的材料主要有亚光不锈钢板、锡油铝单板、单面铝塑板、大规格瓷砖等，接缝处必须打好防水密封胶。墙的拐角、柱子角及所有阳角必须处理成半圆弧形，以防碰撞，尤其是金属饰面，必须加半圆弧外角或 1/4 内角。如果墙面基础较好，也可选用防水涂料等饰面。为了便于清洁，墙面一般不做造型。设备管线、电路应装饰好并按要求做好检修预留，末端位置得当适用。

吊顶设计及材料宜抗污、不霉变、不落尘、易清洁、易维护，是医院顶棚装饰材料选择的基本要求。血液透析中心的吊顶选择可以参照手术室：吊顶宜选用塑料复合钢板、搪瓷钢板、不锈钢板、彩钢板、铝板等光洁平整、不易积尘材料，饰面有穿孔的易污染材料，一般不宜使用。也可使用防水石膏板，最好双层交错使用，刮防水腻子，喷涂防水涂料，并罩防水面涂层，这样较为经济耐用，防止受潮开裂、变形、贮菌。吊顶预留的设备末端及检修口应处理好。

其他人性化设计：

曲线设计：在室内空间中，常常使用曲线的设计造型来营造柔和的感官体验，曲线象征着关爱与拥抱，曲线的设计往往给人安全感。建议应用在转角等空间，可降低意外伤害；建议应用在护士站等重点空间，丰富空间的同时，更赋予护士站关爱精神的情感表达；建议应用在透析室等患者长时间留滞的空间内，搭配柔和温暖的色彩，缓解患者的紧张情绪，改变治疗空间给患者带来的冰冷的不良空间感受。

塑造室内外的自然空间：引入自然的力量作为帮助患者建立积极态度应当是透析中心的一大亮点，自然往往蕴含着平和、宁静、活力的氛围，营造舒适医疗环境的同时，可以帮助患者和家属舒缓情绪，转移注意力和痛苦思绪。景观和绿化、自然的天光都可视为自然的手段，建议作为实践标准进行推广。

差异化的空间：条件允许时，应当设置为医护人员、病患家属提供小憩、开会或小型活动等舒适宜人的特色情绪空间。有研究表明，透析患者的家属、陪护人员以及医护人员稳定的情绪，有将患者紧张、沮丧等负面情绪转变为积极情绪的可能。在等候区、接待区、活动区等为医护人员、陪护人员设置的空间内设计鲜明轻松的环境往往利大于弊，这样就能在较为舒缓愉悦的氛围下完成整个治疗过程。

舒适的无障碍空间：透析中心的老年人比重较大，为了照顾不同人群的感受，应当以细节化设计创造“舒适的无障碍空间”，这不是生搬硬套规范和标准的要求，而是要创造有人情味的、舒适的、细节化的无障碍设计，例如，家具和色彩的选用适合老年人喜好或有老年人专用的区域；使用便于无障碍通行的地板材质；使用倾斜的便于轮椅观察的镜面；在轮椅视觉高度的墙面增添印花、色彩细节等，以增加对老年人和特殊人群的关爱，减少透析过程中的孤独感和距离感。此外，在条件允许时，应当尽量满足各类人群的需要，设置母婴室、谈话间、电话间、咖啡机、售卖机等附属配套空间。

4.4.2 软装对血液透析中心环境的影响

1）医院室内装饰环境的重要性

医疗环境在患者整体体验方面扮演着关键的角色。医院中需要停留的地方，不管是患者、患者家属或是医务人员，他们都希望医院是明亮和富有感情的。医院所提供的医疗技术不总是能创造奇迹，医院空间通过软装设计创造出的疗愈环境，却可以照顾患者的舒适度和隐私，有助于建立正向的医患关系。

2）软装设计的概念范畴

软装设计是指室内空间基础装修完毕之后，对室内空间的再次陈设与布置。血液透析中心所涉及的软装有家具（包含医用家具）、窗帘（包含医用窗帘）、艺术品、绿植花卉等。软装对患者、家属和医务人员在医院室内视、听、触等方面的感觉有重要影响，对空间氛围的营造起着关键的作用。针对医疗室内空间的软装设计应将安全、方便、舒适放在首位。

4.4.2.1 家具

家具是医疗空间中的“主角”，通过家具设计搭配既解决使用功能，同时又可以创造出疗愈的环境（表 4.4.1）。在医疗机构中与医疗

表 4.4.1　家具设计及配置要求

序号	区域	使用空间	名称	参照款式	尺寸	配置及要求
1	准备区	接诊大厅	单人休闲沙发		长 700× 宽 705× 高 850（mm×mm×mm）	医用皮革、榉木实木框架，贴枫木山纹木皮
2			等候椅		长 1720× 宽 605× 高 800（mm×mm×mm）	医用皮革、金属框架，表面抗菌粉末静电喷涂
3			圆形桌		直径 500× 高 600（mm×mm）	榉木实木框架，贴枫木山纹木皮
4			圆形桌		直径 500× 高 600（mm×mm）	枫木色桌面，金属桌腿，表面抗菌粉末静电喷涂
5		候诊区	等候椅		长 1720× 宽 605× 高 800（mm×mm×mm）	医用皮革、榉木实木框架，贴枫木山纹木皮
6		更衣室	更衣柜		长 1200× 宽 500× 高 1800（mm×mm×mm）	冷轧钢板，表面抗菌粉末静电喷涂
7	治疗区	治疗准备室	诊桌（医用家具）		长 1500× 宽 600× 高 750（mm×mm×mm）(诊桌)；长 1200× 宽 400× 高 700（mm×mm×mm）（抽屉柜）	台面板采用 25mm 厚三聚氰胺板，金属框架，表面抗菌粉末静电喷涂
8			医生椅		长 650× 宽 585× 高 870（mm×mm×mm）	优质网布，气压棒，尼龙五星脚
9			助理椅		直径 400× 高 450（mm×mm）	医用皮革，气压棒，尼龙五星脚

续表

序号	区域	使用空间	名称	参照款式	尺寸	配置及要求
10	治疗区	治疗准备室	患者椅		长 630× 宽 605× 高 830（mm×mm×mm）	医用皮革、椅脚钢管。高扶手，便于起立
11			诊床（医用家具）		长 1900× 宽 650× 高 750（mm×mm×mm）	医用皮革、榉木实木框架，床垫采用泡棉
12		护士站	护士椅		长 650× 宽 585× 高 900（mm×mm×mm）	优质网布，气压棒，尼龙五星脚
13		透析治疗区	桌		长 1500× 宽 600× 高 750（mm×mm×mm）	桌板：台面板采用 25mm 厚三聚氰胺板，同色 PVC 封边；桌架：材料为 50mm×50mm×2mm 的方管钢制结构，表面静电喷涂；线盖：铝合金带阻尼线盖
14			医疗床（医用家具）		长 2000× 宽 1000× 高 550（mm×mm×mm）	床头、床尾：环保 ABS 材质 床体：冷轧低碳钢 静音万向轮
15		VIP 透析间	陪护沙发（医用家具）		长 800× 宽 953× 高 851（mm×mm×mm）（打开尺寸 2057mm）	医用皮革、榉木实木框架，贴枫木山纹木皮
16	办公及辅助区	办公室	办公桌		长 1400× 宽 700× 高 750（mm×mm×mm）	板式台面，金属台架，配金属翻线盒
17			办公椅		长 650× 宽 585× 高 870（mm×mm×mm）	优质网布，气压棒，尼龙五星脚

续表

序号	区域	使用空间	名称	参照款式	尺寸	配置及要求
18	办公及辅助区	办公室	文件		长 800× 宽 400× 高 2000（mm×mm×mm）	冷轧钢板，表面抗菌粉末静电喷涂
19		会议室	会议桌		长 4800× 宽 1800× 高 760（mm×mm×mm）	胡桃木皮饰面、皮革桌腿
20			会议椅		长 520× 宽 500× 高 1180（mm×mm×mm）	优质头层真皮，合金五星脚

环境相配套，提高医护人员工作效率及改善病患就医条件的家具类产品统称为“医用家具”。针对医务人员、患者、患者家属在医院空间的行为需求，设计师给出家具色彩、功能、尺寸、材质及面料选用的建议，满足患者和医务人员的精神需求，让患者在功能齐全、体验完善的空间内接受治疗，为疾病尽快康复创造更好的空间环境。

血液透析中心配置家具的家具特点

1）安全性

家具的安全性包括物理安全和健康安全。物理安全方面应注意结构稳固、避免尖角、防交叉感染、满足特殊人群需求等；健康安全方面应注意无污染，对老人、儿童、病人健康友好。

2）人体工程学

人体工程学重视“以人为本”，讲求为医务人员、患者、患者家属服务。家具产品本身是为人使用的，所以家具设计中的尺度、造型、色彩及其布置方式都必须符合人体生理、心理、尺度及人体各部分的活动规律，以便达到安全、实用、方便、舒适、美观之目的。

3）家具色彩

医务人员在为患者治疗时，长时间接受红色刺激，视线转移到白色墙面时容易出现血红色残像，引起视觉疲劳。家具的面料宜选择蓝绿色，这样医护人员看到蓝绿色的家具视觉能得到平衡，可以缓解视觉疲劳。

4）材料应用

目前医院家具采用的材料主要有木材、人造板、贴面材料、石材、塑料、金属、玻璃、皮革、织物等，一些新材料也逐渐使用在医用家具中。家具材质应考虑耐用性、耐污染性、耐化学腐蚀、抗菌、易清洁等特点。

5）节能环保

环保家具所选用的材料应省能源、低污染、可再生、易回收降解。延长产品的使用期，使家具更为耐用，以减少再加工中的能源消耗。

4.4.2.2 窗帘、隔帘

医院空间里的窗帘、隔帘，既有遮光和保护隐私的作用，同时具有调节环境氛围的作用。应选择有一定透气性的天然材质，如棉质、麻质等抗菌面料（图 4.4.2、图 4.4.3）。

医用窗帘、隔帘的面料颜色建议选用比较有高级感、品质感的莫兰迪色系。莫兰迪色系是指饱和度不高的灰系颜色，色调的命名来自于意大利艺术家乔治·莫兰迪的一系列静物作品。这是基于莫兰迪画中总结出的一套颜色法则，通俗来说就是在颜色中加入了灰色调，

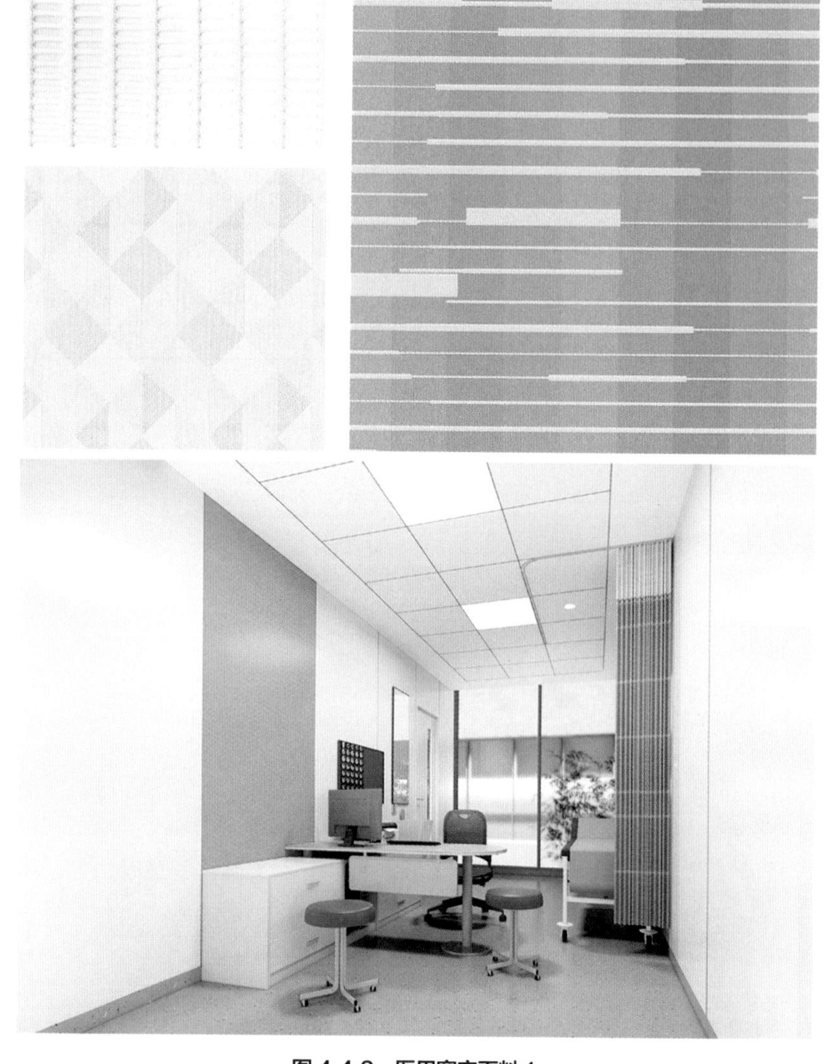

图 4.4.2　医用窗帘面料 1

降低了色彩的明度和纯度，颜色简单，显得更柔和优雅，舒缓雅致（图 4.4.4、表 4.4.2）。

4.4.2.3　艺术品

适宜于医院室内公共空间陈设的艺术品主要有装饰画、雕塑和工艺摆件。在医院室内公共空间中陈设一定数量的艺术品可以提高患者和医

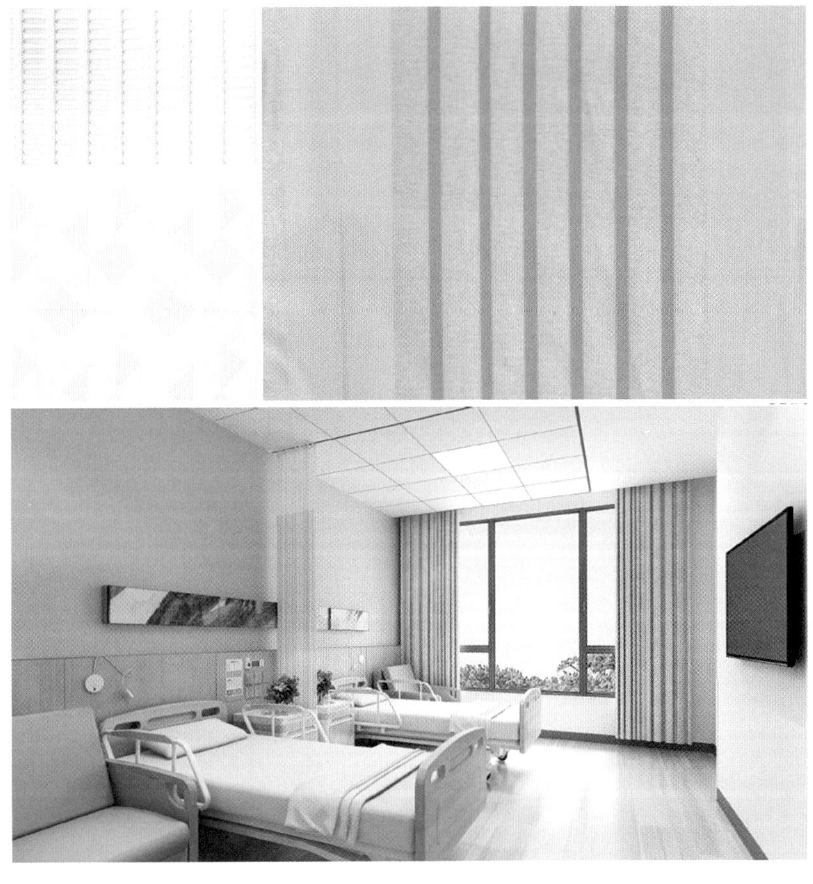

图 4.4.3 医用窗帘面料 2

图 4.4.4 医用窗帘颜色建议

务人员的审美情趣。通过欣赏艺术品，还可以让患者增强战胜疾病的信心，对治愈疾病发挥积极作用。医院中陈设的艺术品还会对陪护患者的家属产生感染力，使他们的心情得以放松。根据在北京某大型三甲医院血液透析中心的调研显示，医护人员高负荷的工作，极易产生烦躁和沉闷的情绪，所以给医护人员创造一个舒适的环境是非常必要的，艺术品可以舒缓由于工作压力造成的紧张情绪，带来良好的心情。

表 4.4.2 医用窗帘相关技术参数及设计要求

区域	名称	空间名称	图片	技术参数及设计要求
治疗区	窗帘	VIP 透析间		材质：100% 涤纶 符合《纺织品 燃烧性能 垂直方向损毁长度、阴燃和续燃时间的测定》GB/T 5455—2014 国家防火检测标准 B_1 级 缩水率：1%~3% 甲醛含量：≤ 75mg/kg 环保符合《生态纺织品技术要求》GB/T 18885—2020 可分解致癌芳香胺染料 24 种：≤ 20mg/kg 符合《纺织品 禁用偶氮染料的测定》GB/T 17592—2011
	医用隔帘	透析治疗区		规格：手动平开式，1.5 倍布料折叠，离地面 200mm 材质：100% 涤纶 符合《纺织品 燃烧性能 垂直方向损毁长度、阴燃和续燃时间的测定》GB/T 5455—2014 国家防火检测标准 B_1 级 缩水率：1%~3% 甲醛含量：≤ 75mg/kg 环保符合《生态纺织品技术要求》GB/T 18885—2020 耐水色牢度：≥ 3 抗菌：包括金黄色葡萄球菌、肺炎克雷白式菌、大肠杆菌的检验 防尘：灰尘难以附着
办公及辅助区	半遮光卷帘	办公室、会议室		特性：半遮光、可回收、耐光、防水、防火 符合《纺织品 燃烧性能 垂直方向损毁长度、阴燃和续燃时间的测定》GB/T 5455—2014 国家防火检测标准 B_1 级 材质：30% 涤纶 70% 聚氯乙烯 紫外线阻挡率：约 95% 破裂强度：经线 >149.8（kg），维度 > 149.8（kg） 适用范围：室内遮阳（无张力要求的顶棚帘）

血液透析中心的艺术品宜选择有故事性、趣味性、自然题材的艺术品；如果有可能，可以定期更换室内空间的艺术品种类。

装饰画的形式和内容对患者疾病的治疗有积极作用。装饰画有写实主义绘画、印象派绘画、先锋艺术装饰画、色彩构成装饰画、几何装饰画、摄影作品等形式。医院应尽量展示以自然、生活气息、积极、乐观为主题的装饰画，唤起患者对美好生活的回忆和向往。

雕塑要弘扬人性、关怀生命，激励患者树立战胜疾病的信心。雕塑的材质有花岗岩、大理石、铜、不锈钢、玻璃钢、木、石、玉、砂岩雕塑等。医院内的雕塑要具备可消杀、不易碎、稳定等功能。

适宜于血液透析中心空间中陈设的工艺品有陶瓷摆件、金属摆件、树脂摆件等。工艺品形式多样，或造型古朴，或晶莹剔透，或粗犷深厚，可从许多方面反映一个医院的文化特色和审美观（图 4.4.5）。

4.4.2.4 绿植和花卉

绿植和花卉具有丰富的色彩、独特的形态、天然的质感及和谐的韵律等特征。绿植和花卉的摆放可使医院室内公共空间更富有生机和活力，环境充满情趣。选择适当的植物品种，除了起到美化室内环境的作用，还可以净化室内空气，舒缓患者、患者家属及医护人员的紧张情绪，使患者看到这些有生命力的植物时体会到生命的美好，对患者身心健康大有益处。

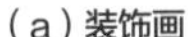

（a）装饰画

（b）雕塑

（c）工艺品

图 4.4.5 艺术品选择形式

1）绿植摆放位置应无安全隐患

绿植摆放位置应便于浇水、修剪等养护活动。吊兰类植物的摆放位置不宜过高，以防碰头、倾倒或掉落。较小的植栽最好不要摆放在较低的位置或暗处，避免患者脚下不注意而被绊倒。有些带刺的植物尽量摆放在远离患者行走经过处，以防不慎刺伤。

2）注意绿植对患者健康的影响

一些植物的气味、花粉或寄生虫会引发过敏性哮喘，在医院里应慎选。植物在夜间会释放二氧化碳，禁止在治疗区摆放植物。

3）应考虑植栽的养护便利性

宜选择便于养护、容易成活的植物。

4.4.3 气味营造良好室内环境

消除室内透析环境中不良气味，是设计者常常忽略的环节，气味的好坏是决定室内封闭环境下是否拥有良好空间印象的至关重要环节。

血液透析中心内经常使用化学类消毒用品，化学消毒剂本身具有一定的化学毒性，会给医务人员、患者和环境造成一定的安全隐患。常用的高效消毒剂，如含氯消毒剂、环氧乙烷、戊二醛、过氧乙酸、甲醛以及过氧化氢等，极易挥发且多数可用于空气的消毒。短时间接触这类高浓度消毒剂对医务人员的眼睛、皮肤和呼吸道黏膜具有强烈的刺激，并引起头昏、头疼、恶心、呕吐、虚弱、胸痛等临床表现；而敏感的人群暴露于挥发在空气中的任何化学消毒剂后均可能引发哮喘或反应性气道疾病。

针对血液透析中心这类人流量大、使用度高、污染程度高的室内空间系统，需辅以智能化系统对室内空气质量进行实时监控，有条件的情况下，建议配置温度、湿度等环境监测传感器，实时监测空间内的空气质量问题。

因此，血液透析中心应加强室内空气流通，患者透析结束后，按要求处置床单、被套等，定时清场（机器清洗、消毒，物表消毒，开窗通风），此段时间不允许患者进入。此外，治疗过程中空间较为密闭，应禁止患者及其家属携带气味较重的食品等进入场所。

同时，在预防空气交叉感染问题上，安装和维护高效的空气过滤器、采用合理的通风系统和气流控制，以及使用紫外线照射等方法都可以降低空气中的病原体。

4.4.4 装配式装修要求

装配式是医疗空间最常用的装修方法，首先装配式的部品、建材在选材上应环保无污染，其次在施工方面采用干式工法，有效避免了传统湿式工法以及施工过程中胶粘剂等带来的二次污染，更易满足医疗空间在卫生、防滑、防撞、易清洁等方面的特殊需求。由于装配式强调部品工业化、精细化、高品质等，因此装配式对具有特殊性的医疗空间的设计而言，具有易安装、工期短、绿色节能、环保无污染、对病人无二次伤害等优势。

装配式装修是以产品为结果导向的工程设计、生产、建造运维的过程。它以集成化、统一化、标准化形成成套的供应产业链，将工厂内生产的部品、部件在施工现场进行装配安装。装配式装修减少现场施工作业的环节，部品安装采用干法施工，具有高品质、节能、安全、经济、环保、节省人工等特点，因此能够有效保障工期和装修质量，并且具有维护简单、有效集成、可拆卸重复使用、可回收、改扩建高效等优势。

装配式装修是未来向建筑工业化、智能化建造、人机交互发展的过渡阶段。因此通过对医疗空间的装配式装修、智能化建造，为血透中心提供智能化检测功能，有助于减轻医护人员的工作强度与工作压力，同时有效提高患者就诊环境的品质。

4.5 血液透析中心机电设计要求及注意事项

4.5.1 电气设计要求

1）照明

在照明设计时应根据视觉要求、作业性质和环境条件，通过对光源、灯具的选择和配置，使工作区或空间具备合理的照度、显色性和适宜的亮度分布以及舒适的视觉环境。血液透析中心照明设计应以使用功能为主，在满足使用功能的前提下考虑装饰综合吊顶的美观、整洁。

室内一般照明和局部照明主要采用高效的 LED 光源，一般照明光源色表可根据其相关色温分为三类，色温的颜色特性见表 4.5.1。照明光源的颜色特征与室内表面的配色宜互相协调，并应形成相应于房间功能的色彩环境。血液透析中心按照功能可划分为准备区、治疗区、办公及辅助区。其中治疗区、办公辅助区的照明光源颜色应以中间偏冷色为主，以保证治疗、工作时的视觉效果；设备用房区域使用中间色保证设备房间的常规照度即可；而准备区建议结合装饰配色使用中间偏暖色光源，可以为候诊、更衣的患者营造温馨、舒适、平和的氛围。

血液透析中心的照明灯具在选择时还应注意眩光所产生的影响。照明灯具的眩光，应根据光源亮度、光源和灯具的表面积、背景亮度以及灯具位置等因素进行综合确定。血液透析中心中的各类场所原则上对于统一眩光值的要求不应大于 22，特别需要注意透析治疗区域的灯具选型和布置位置，患者治疗过程中呈仰卧姿势，灯具的眩光对患

表 4.5.1 光源颜色特性分类表

光源颜色分类	相关色温（K）	颜色特性
Ⅰ	< 3300	暖
Ⅱ	3300~5300	中间
Ⅲ	> 5300	冷

者的影响最为直接，因此透析治疗区域的灯具应选用发光表面面积大、亮度低、扩散性能好的低 UGR（统一眩光值）的灯具，并同时考虑设置在视线方向以外。眩光程度与 UGR 指数对照见表 4.5.2。

表 4.5.2 眩光程度与 UGR 指数对照表

UGR 的数值	对应眩光程度的描述
< 13	没有眩光
13~16	开始有感觉
17~19	引起注意
20~22	引起轻度不适
23~25	不舒适
26~28	很不舒适

2）配电

血液透析区域上级电源为双电源全部回路采用 TN-S 系统带剩余电流保护器（RCD）及剩余电流监测功能的方式。

支线回路剩余电流保护器（RCD）选用 A 型或 B 型。

剩余电流监测产品主要适用于监测医疗场所内 TN-S 配电系统干线及支路的剩余电流状况。剩余电流值预先设定阀值一般为6~10mA，超出设定阀值时系统发出报警信号提示工作人员根据实际情况进行处理，以便消除因剩余电流而引起的漏电、触电等安全隐患：剩余电流监测仪是否设置由设计确定。

当血液透析中心室内包含涉及生命安全的电气设备时需要配置 UPS。

其中水处理间配电要求：

双路电力供应；

电压：三相五线交流 380V；

频率：50Hz；

设备供电总功率：（根据项目情况设定）；

配电箱：配电箱（根据项目情况设定），安装于靠近对应设备组件、距地面 1500mm，不影响操作人员操作的墙面上。

220V 插座总功率 3kW，由总空气开关控制。4 个 3-2 座（10A）（即 1 个插座带 1 个三插孔和 1 个二插孔）插座，高度为离地面 1500mm。

4.5.2 给水排水设计要求

1）管路排布要求

随着设计形式多样化，对透析管线设计提出更高的要求，尤为突出的是配液管线走向的选择，直接影响到楼板形式、管网布置和设备选择。从专业的角度血液配液管线方式有两种，下层管线和同层管线两种方式。

（1）下层管线

管网布置简洁清晰，检查维护方便，防渗漏技术成熟，成本低；缺点是布置固定，噪声大，影响下层空间。此方式做法相对较少使用。

（2）同层管线

点位排布不受限制、渗水率低且不干扰下层空间；缺点是需要降板或垫高，管网布置复杂，需做多层防水，检查维修难度高，成本高于下层排布。随着防渗漏技术的优化升级，改造项目越来越多，根据平面功能布局和结构形式的不同，选择合理的同层排水方式（图 4.5.1）。同层排布分为：降板同层排布、架空同层排布。

a）降板同层排布式

透析中心结构楼板降板 200mm 左右，作为设备管道铺设空间。

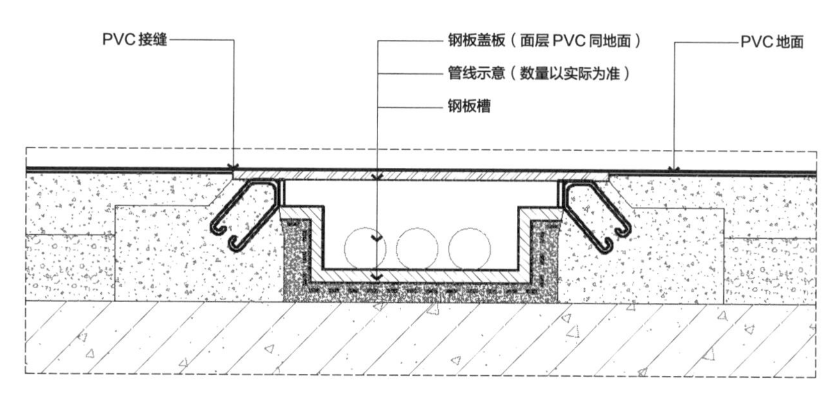

图 4.5.1 管沟剖面图

下沉部分采用现浇混凝土、回填层和多层防水构造设计，并根据设计标高和管线设计，沿沉降板布置给水排水管道。应做好检修区域排布，否则渗入沉箱的积水将无法排出或挥发。现多采用回填方式将管道埋起来。

b）架空同层式排布

保持楼板水平标高不变，架空 150~200mm 的空间，布置排水设施，采用纤维板架空或预制板架空，架空板上做防水层后做面层，然后再排布管线。需做好架空部分防水，防止生霉和积水等问题。预留管道设备检修口，方便检修。该方式多用于旧楼改造项目，由于原有建筑条件限制，又需满足新功能要求，会设计坡道或者一级台阶，整个楼层面会做架空处理。

血液透析区域生活给水的水质应符合《生活饮用水卫生标准》GB 5749—2022 的规定。血液透析工艺用水水质应符合《血液透析和相关治理用水标准》YY 0572—2015 的规定。

生活给水连接血液透析水处理设备应采取减压型倒流防止器等防回流污染措施。水处理设备给水宜采用双路供水，供水压力≥0.25MPa。血液透析设备排水应采用间接排水，严禁与污水管道直接连接。阳性治疗区域血液透析排水宜设置独立的排水管及通气管。管道外表面存在结露风险时，应采取防护措施。防结露外表面应光滑且易于清洗，并不得对血液透析治疗区域造成污染。血液透析工艺设备的排水管道应采用耐腐蚀、耐高温材质。血液透析区域的给水和热水系统的管材应根据需要确定，可选用符合国家现行有关标准的不锈钢管、塑料管、塑料与金属复合管等。

2）水处理间供水要求

a）水路供应，在停水时医院储水池有专用管道供血透中心使用。供水管离地面 1400mm，自上而下供应，供水口不与墙面垂直。

b）供水水质应符合国家相关生活饮用水卫生标准。

c）供水压力最小为 0.25MP。

d）水流量根据项目情况设定。

e）供水管径根据项目情况设定。

f）原水出水端口加装压力表、倒流防止器和水阀。

3）水处理间排水要求

设有排水沟或地漏等排水设施、排水管外径≥ 110mm，地面除有防水层外，应做不积水处理。

4.5.3
暖通设计要求

应当达到《医院消毒卫生标准》GB 15982—2012 中规定的Ⅲ类环境，并保持安静，光线充足，配备空气消毒装置、空调等。保持空气清新，必要时应当使用通风设施。透析治疗区等凡产生气味、水气和潮湿作业的用房，设机械排风。排风口的布置不应使局部空气滞留，房间内应设新风补风口且应合理设置，结合平面布局使空气从清洁区流向非清洁区。新风量应小于排风量，使房间内保持负压（图 4.5.3）。

在暖通设计时，应根据项目所在地的条件及项目本身特点合理选择冷热源形式。

保障诊疗与控制感染是医院节能的前提，医院暖通空调室内参数应根据医院特点合理设置，并能根据特定患者的感受进行调节。血液透析中心暖通设计应优先符合使用功能、相关规范的要求，在满足使用功能和规范的前提下兼顾美观需求。

表 4.5.3 各房间暖通室内参数表

序号	房间名称	夏季		冬季		噪声	室内风速
		干球温度（℃）	相对湿度（%）	干球温度（℃）	相对湿度（%）	dB（A）	（m/s）
1	候诊区	24~26	40~60	22~24	≥ 30	≤ 45	≤ 0.25
2	患者更衣室	24~26	40~60	22~24	≥ 30	≤ 50	≤ 0.25
3	专业手术室（治疗插管室）	24~26	40~60	22~24	≥ 45	≤ 40	≤ 0.25
4	护理单元	24~26	40~60	22~24	≥ 45	≤ 45	≤ 0.25
5	透析治疗区	24~26	40~60	22~24	≥ 45	≤ 45	≤ 0.25
6	治疗准备室	24~26	40~60	22~24	≥ 45	≤ 45	≤ 0.25
7	患者走廊	24~26	40~60	22~24	≥ 30	≤ 45	≤ 0.25
8	VIP 透析间	24~26	40~60	22~24	≥ 45	≤ 40	≤ 0.25
9	阳性透析间	24~26	40~60	22~24	≥ 45	≤ 40	≤ 0.25
10	污物间、污洗间	26~28	≤ 70	18~22		≤ 50	≤ 0.25
11	水处理间	26~28	≤ 70	18~22		≤ 50	≤ 0.25
12	配液间	24~26	40~60	22~24	≥ 45	≤ 45	≤ 0.25
13	干库房	26~28	≤ 70	18~22		≤ 50	≤ 0.25
14	湿库房	26~28	≤ 70	18~22		≤ 50	≤ 0.25
15	会议室	24~26	40~60	22~24	≥ 30	≤ 45	≤ 0.25
16	主任及护士长办公室	24~26	40~60	22~24	≥ 30	≤ 45	≤ 0.25
17	医生办公室	24~26	40~60	22~24	≥ 30	≤ 45	≤ 0.25

Chapter 5

优化建议应用及总结

5.1 本项目适用场景

血液透析中心的空间是具有较强功能性、专业性的医疗空间。在医疗空间的设计中，对设计师的要求是要关注活动在医疗空间内的所有人，特别是对透析人群提供全方位的关怀。血液透析中心在做好设计动线和设计导向，方便医护人员的管理和观察的基础之上，还要注重舒适性动线。血液透析中心室内设计还要在安全、卫生、经济、高效的基础上，尽量做到舒适、温馨，为广大患者和医护人员提供具有医院特色的就医环境。

本书通过对医院血液透析中心医疗流程的调查、研究、总结，以及对透析科类医疗空间的室内设计调研，并对相关以往项目汇总总结，提取血液透析中心的基本框架及功能诊区。

在对各诊室的平面绘制和三级流程分析过程中，先要了解科室的功能性和医护及患者使用模拟情景，在了解功能的基础上，对各类家具进行平面布局，并对各空间的机电设备、照明等方面进行细节要求，最终形成血液透析中心室内设计流程模块，为患者创造安全便捷的就医环境，为医护人员创造高效舒适的内部工作环境。

5.2 医务人员的积极应对措施

医务人员可以通过采取应对措施提高自身的正能量，使不良情绪得到有效缓解，优化心理应对处理能力。随着透析治疗时间的延长，患者慢慢接受了患病的事实，卸下了心理负担，逐渐增加了与病友、医务人员的交流，从多渠道获取疾病以及治疗的知识。另外，在逐渐融入病房环境后，患者更愿意参与科室组织的疾病相关知识讲座，敢于提出自身疑问，构建和完善了对疾病的认知，降低了疾病不确定感水平。而透析时间较短的患者由于还未接受患病的现实，加之疾病带来的生活方式的改变、经济压力的增加及身体状况下降等内外因素，降低了患者心理应对能力。以上启示医务人员：一方面，对于血液透析初期的患者，应着重进行心理疏导，主动为患者讲解疾病相关知识，加强健康宣教工作。另一方面，号召老病友积极参与到新入患者的宣教中，以“现身说法”的形式缓解新入患者的焦虑情绪，减少由透析环境不适应带来的心理负担，有效减轻其疾病不确定水平。

此外，医护人员应关注病耻感严重、性格内向的病人，针对这部分人群应给予适当干预，点亮病人的希望，鼓励病人积极行动，改善病人心理健康状况。

5.3 设计反思及总结

本书的研究有很强的现实意义，可以弥补室内设计与医疗专业间的代沟，以及当前设计人员对医疗工艺流程的理解与认识不够专业、缺乏对空间后期使用深入的研究缺陷。室内设计人员可以通过本书快速了解血液透析中心的功能、准确把握空间属性、掌握室内设计流程，使设计人员在空间平面布置、方案设计等阶段都能够方便、准确地进行设计。血液透析中心空间环境的提升，在提高患者就医体验、加强医护人员更高效率办公等方面，都会起到积极的作用。

此外，作者通过对血液透析中心设计的相关研究，希望能够抛砖引玉。血液透析中心的设计不仅要满足流程、使用功能的要求，还要满足患者的心理需求，为患者提供更加舒适及安静的治疗环境，且更好地保护患者隐私，使患者能够在放松身心的环境中更好地接受治疗，减少医院环境对患者的负面影响，消除恐惧、紧张等心理不适，促进患者身心更快更好地恢复。

医院科室的室内设计除满足服务于患者和医护人员的一般诊疗需求外，还应注重表现医院本身特色的文化内涵，使细节更加符合人性化需求，并通过空间尺度及色彩搭配、噪声控制、软装配饰的细节、明晰的流程导向设置等方面给就诊人群提供更加便捷、舒适放松的空间环境，便于医患沟通。

我们对血液透析中心室内空间的精细化设计、医疗流程研究的逐步深入，期待加强设计从业人员、医院及社会使用方对此领域的重视。希望在医疗流程研究的基础上，有更多的设计师、更专业的研究项目关注到医院血液透析中心的空间优化和升级，以促进医院血液透析中心的设计更加专业，提升患者就医环境及医护工作氛围，促进医疗建设事业持续发展。

黄锡璆大师对本书校审的手稿

手术中心室内设计书稿建议　　黄锡璆 2023.8.3

1) 书名应确定

2) 稿中一些术语表述要优化，图表精简设计，一些图有重复，误拉，有的模糊(需删)

3) 书中关于手术的定义与描述，建议请编者优化措辞[illegible]

4) 室内环境中
手术室内[illegible]有不[illegible]，空间[illegible]

5. P.33 传统式 集中式 单元式 表述应规范

6. P.92,93 [illegible]的可行性[illegible]

7. 有关手术功能房间的室内设计和[illegible]
[illegible]，[illegible]一个大的表述
材料清单建议[illegible]

8 [illegible]
[illegible]

9. [illegible]手术室[illegible]建议[illegible]
[illegible]

10 P.140 4.4.6 [illegible] 不建议[illegible]

11. P.136 [illegible]，[illegible]
[illegible]

<手术中心室内设计>　[1]
书稿建议

(1) 前言 用语宜贴切，不宜过[illegible]
[illegible]

(2) P.13 [illegible]人体分割书稿
图中文字要规范 [illegible]

(3) P.18 [illegible]描述与P.27不一致

(4) P.21 文中插图[illegible]
插图应有[illegible]，[illegible]
[illegible]图表述[illegible]

(5) P.27 引用数据图表应有版本年号

(6) P.30 3.3 文字表述不清晰[illegible]

(7) P.32 3.6 内容描述[illegible]
[illegible]分区[illegible]流线，分区的内容，一项
二项分开
[illegible]
有些内容如污水处理，[illegible]
[illegible]可利用，[illegible]手术中心[illegible]
[illegible]

(8) P.32 [illegible]
书中术语应规范一致，如[illegible]流程 流线
要统一

(9) P.33 集中式与单元式的划分不清晰　[2]
图中的表达有[illegible]
集中式的描述与P.35单元式的描述
表达的内容与二种方式关系不大
文字中[illegible]4~12[illegible]，12间[illegible]
大于12年

(10) P.40 图中有误

(11) P.41 图表中不[illegible] [illegible]一[illegible]？

(12) P.42 [illegible]人员[illegible]中心[illegible]

(13) P.44 VIP手术间[illegible]图
但P.99 图4.3-50的[illegible]
[illegible]

(14) P.50 不同[illegible] 如何实现？

(15) P.78 [illegible]一段[illegible]
[illegible]

(16) P.87 [illegible]，[illegible]不一致

(17) P.93~P.94
[illegible]如何实现

(18) P.102 VIP手术间[illegible]

[3]
(19) P.109 污物间，污洗间
平面图与P.110效果不一致

(20) P.123 [illegible]效果图太大
[illegible]

(21) P.134 [illegible]
[illegible]不是一[illegible]
[illegible]便于清扫，如飞机
场[illegible]
VIP手术间[illegible]，[illegible]
[illegible]大[illegible]

(22) P.138 [illegible]，减少[illegible]，[illegible]
[illegible]便于维护清扫

(23) P.146 [illegible]，建议采用一些[illegible]
图，[illegible]图[illegible]效果图

黄锡璆 2023 8.22

图片来源

图 1.1.1 ~ 图 1.1.5　由陈亮绘制

图 1.2.1 ~ 图 1.2.2　由陈亮绘制

图 2.2.1 ~ 图 2.2.2　由陈亮绘制

图 3.2.1　由陈亮绘制

图 3.4.1　由郭佳、刘雪焕、朱琳绘制

图 3.4.2　由刘雪焕、宋秋菊绘制

图 3.4.3　由周蓓、宋秋菊绘制

图 3.4.4　由冯霈森、宋秋菊绘制

图 3.4.5　由刘雪焕、宋秋菊绘制

图 3.4.6　由刘雪焕、宋秋菊绘制

图 3.4.7　由冯霈森、宋秋菊绘制

图 3.6.1 ~ 图 3.6.6　由郭佳、刘雪焕、朱琳绘制

图 4.2.1、图 4.2.7　由周永杰、宋秋菊绘制

图 4.2.2、图 4.2.8　由张国娟、周蓓、宋秋菊绘制

图 4.2.3、图 4.2.9　由闫娥、冯霈森、宋秋菊绘制

图 4.2.4、图 4.2.10　由庄宇、郭佳、宋秋菊绘制

图 4.2.5、图 4.2.11　由田军、宋秋菊绘制

图 4.2.6、图 4.2.12　由程进、祝兆云、宋秋菊绘制

图 4.3.1、图 4.3.2　由冯霈森、宋秋菊绘制

图 4.3.3 ~ 图 4.3.6　由朱琳绘制

图 4.3.7　由冯霈森、宋秋菊绘制

图 4.3.8　来源圣奥医疗家具产品图 . 由宋秋菊整理

图 4.3.9　由刘雪焕绘制

图4.3.10　来源于DIALYSIS CENTRES An architectural guide，由陈亮重绘

图 4.3.11　由代亚明绘制

图 4.3.12　由冯霈森、宋秋菊绘制

图 4.3.13　由代亚明绘制

图 4.3.14、图 4.3.15　由冯霈森、宋秋菊绘制

图 4.3.16 ~ 图 4.3.18　由代亚明绘制

图 4.3.19、图 4.3.20　由宋秋菊绘制

图 4.3.21、图 4.3.22　由代亚明绘制

图 4.3.23、图 4.3.24　由冯霈森、宋秋菊绘制

图 4.3.25、图 4.3.26　由朱琳绘制

图 4.3.27　由代亚明绘制

图 4.3.28 ~ 图 4.3.31　由冯霈森、宋秋菊绘制

图 4.3.32 ~ 图 4.3.36　由代亚明绘制

图 4.3.37、图 4.3.38　由刘雪焕绘制

图 4.3.39　由陈亮绘制

图 4.3.40 ~ 图 4.3.44　由赵阴轩绘制

图 4.3.45、图 4.3.46　由冯霈森、宋秋菊绘制

图 4.3.47　由代亚明绘制

图 4.3.48　由冯霈森、宋秋菊绘制

图 4.3.49　来源于 ArchDaily. 由朱琳、代亚明整理

图 4.3.50　由刘雪焕绘制

图 4.3.51　中元设计某项目实景照片

图 4.3.52、图 4.3.53　由冯霈森、宋秋菊绘制

图 4.3.54、图 4.3.55　由代亚明绘制

图 4.3.56　由冯霈森、宋秋菊绘制

图 4.3.57　由代亚明绘制

图 4.3.58、图 4.3.59　由冯霈森、宋秋菊绘制

图 4.3.60、图 4.3.61　由代亚明绘制

图 4.3.62　由冯霈森、宋秋菊绘制

图 4.3.63　由代亚明绘制

图 4.3.64　由冯霈森、宋秋菊绘制

图 4.3.65　由代亚明绘制

图 4.3.66　由冯霈森、宋秋菊绘制

图 4.3.67　由代亚明绘制

图 4.3.68　由冯霈森、宋秋菊绘制

图 4.3.69　由代亚明绘制

图 4.4.1　由朱琳整理

图 4.4.2、图 4.4.3　由宋秋菊绘制

图 4.4.4　来源 liangssw.com 网站 . 由宋秋菊整理

图 4.4.5　由陈亮绘制及拍摄

图 4.5.1　由冯霈森绘制

参考文献

[1] 中华人民共和国住房和城乡建设部，中华人民共和国国家质量监督检疫总局．综合医院建筑设计规范：GB 51039—2014[S]. 北京：中国计划出版社，2014.

[2] 中华人民共和国住房和城乡建设部．民用建筑设计统一标准：GB 50352—2019[S]. 北京：中国建筑工业出版社，2019.

[3] 任宁，赵奇侠．医用家具设计与配置指南（第二版）[M]. 北京：研究出版社，2020.

[4] 国家食品药品监督管理总局．血液透析及相关治疗用水：YY 0572—2015[S]. 北京：中国标准出版社，2017.

[5] 中国建筑学会，中国建筑工业出版社．建筑设计资料集（第三版）第 6 分册：体育·医疗·福利 [M]. 北京：中国建筑工业出版社，2017.

[6] 邢昌赢．医院血液净化中心（室）建设管理规范 [M]. 南京：东南大学出版社，2010.

[7] 许义富，苏黎明．医院建筑中的重症监护病房（ICU）设计 [J]. 中国医院建筑与装备，2005（6）：12-15.

[8] 中华人民共和国卫生部．医院消毒卫生标准：GB 15982—2012[S]. 北京：中国标准出版社，2011.

[9] 中华人民共和国国家发展和改革委员会，中华人民共和国住房和城乡建设部．党政机关办公用房建设标准：建标 169—2014[S]. 北京：中国计划出版社，2014.

[10] 梁铭会，孙英，黄锡璆．中国医院建设指南 [M]. 北京：中国质检出版社，中国标准出版社，2015.

[11] 住房和城乡建设部工程质量安全监管司，中国建筑标准设计研究院．全国民用建筑工程设计技术措施：规划·建筑．景观 [M]. 北京：中国计划出版社，2009.

[12] 国家卫生健康委办公厅．血液净化标准操作规程：2021 版 [EB/OL]. [2021-11-08]. http：//www.nhc.gov.cn/yzygj/s7659/202111/6e25b8260b214c55886d6f0512c1e53f.shtml.

[13] 中华人民共和国住房和城乡建设部．民用建筑隔声设计规范：GB 50118—2010[S]. 北京：中国建筑工业出版社，2010.

[14] 中华人民共和国住房和城乡建设部．民用建筑供暖通风与空气调节设计规范：GB 50736—2012[S]. 北京：中国建筑工业出版社，2012.

[15] 中华人民共和国住房和城乡建设部．建筑照明设计标准：GB 50034—2013[S]. 北京：中国建筑工业出版社，2014.

[16] 住房和城乡建设部，国家发展和改革委员会．综合医院建设标准：建标 110—2021[S]. 北京：中国计划出版社，2021.

[17] 中华人民共和国国家质量监督检验检疫总局，中国国家标准化管理委员会．纺织品 燃烧性能 垂直方向损毁长度、阴燃和续燃时间的测定：GB/T 5455—2014[S]. 北京：中国标准出版社，2014.

[18] 国家市场监督管理总局，国家标准化管理委员会．生态纺织品技术要求：GB/T 18885—2020[S]. 北京：中国标准出版社，2020.

[19] 中华人民共和国国家质量监督检验检疫总局，中国国家标准化管理委员会．纺织品 禁用偶氮染料的测定：GB/T 17592—2011[S]. 北京：中国标准出版社，2011.

[20] 中国建筑标准设计研究院．医疗建筑电气设计与安装：19D706—2[S]. 北京：中国计划出版社，2019.

[21] 张名良．现代综合医院血液透析中心规划布局设计初探 [J]. 城市与建筑，2014（15）：23-23.

[22] 阿西夫（Asif，A.）．介入肾脏病学 [M]. 刘炳岩，吴世新，译．北京：科学出版社，2016.

后记
Postscript

谨以此书致敬所有医者仁心、治病救人的医护工作者，感谢你们为了挽救美好的生命和千万家庭的完整幸福而努力付出。致谢所有参与医院建设的设计工作者，为人们的健康幸福构筑了一道道坚固的屏障。感谢患者的家属，正是有了亲人和家庭的支持，才支撑病人勇于挑战病痛。世界上所有的生命都是值得称颂的，让我们以饱满的热情迎接生活，珍爱生命。

图书在版编目（CIP）数据

血液透析中心室内设计 =INTERIOR DESIGN OF HEMODIALYSIS CENTER / 陈亮著 . —北京：中国建筑工业出版社，2023.11
ISBN 978-7-112-29226-4

Ⅰ . ①血…　Ⅱ . ①陈…　Ⅲ . ①血液透析—医疗卫生组织机构—室内装饰设计　Ⅳ . ① TU246.1

中国国家版本馆 CIP 数据核字（2023）第 186352 号

扫码可获取增值服务

责任编辑：何　楠
责任校对：姜小莲

血液透析中心室内设计
INTERIOR DESIGN OF HEMODIALYSIS CENTER
陈　亮　著
*
中国建筑工业出版社出版、发行（北京海淀三里河路 9 号）
各地新华书店、建筑书店经销
北京雅盈中佳图文设计公司制版
北京中科印刷有限公司印刷
*
开本：787 毫米 ×960 毫米　1/16　印张：10¼　字数：168 千字
2023 年 12 月第一版　2023 年 12 月第一次印刷
定价：**57.00** 元（含增值服务）
ISBN 978-7-112-29226-4
（41941）